土壤与植物营养学实验

Soil and Plant Nutrition Experiment

谢晓梅 编著

U0277569

ZHEJIANG UNIVERSITY PRESS
浙江大学出版社

图书在版编目（CIP）数据

土壤与植物营养学实验 / 谢晓梅编著 . —杭州：
浙江大学出版社,2014.9(2023.8 重印)
ISBN 978-7-308-13552-8

Ⅰ.①土… Ⅱ.①谢… Ⅲ.①土壤学—实验—高等学
校—教材②植物营养—实验—高等学校—教材 Ⅳ.
①S15-33②Q945.1-33

中国版本图书馆 CIP 数据核字（2014）第 158047 号

土壤与植物营养学实验

谢晓梅 编著

责任编辑	秦　瑕
封面设计	黄晓意
出版发行	浙江大学出版社
	（杭州市天目山路 148 号　邮政编码 310007）
	（网址：http://www.zjupress.com）
排　　版	杭州青翊图文设计有限公司
印　　刷	浙江新华数码印务有限公司
开　　本	787mm×1092mm　1/16
印　　张	12.5
字　　数	304 千
版 印 次	2014 年 9 月第 1 版　2023 年 8 月第 8 次印刷
书　　号	ISBN 978-7-308-13552-8
定　　价	28.00 元

前　言

　　土壤与植物营养学,是在原有"土壤学"及"植物营养与肥料"两门课程的基础上,为适应 21 世纪教学改革后调整的新本科专业教学计划对人才培养规划的要求而开设的,是农学类学生的专业基础课程,主要讲授农业生产所依赖的最基本生产资料——土壤和肥料的有关知识与应用技能,是农学、园艺、植保、农业资源与环境等专业的本、专科生的一门重要的必修课程。

　　《土壤与植物营养学实验》是土壤与植物营养学课程的配套实验,包含土壤学实验和植物营养学两部分内容,以"土"与"肥"的辩证关系为中心,涉及土壤、肥料、植物营养等方面的基础理论和专业技能的学习。实验内容以经典实验为基础,根据学科的发展和教学需求,增大了综合性实验的比例,分为"基础知识"、"土壤学实验"和"植物营养学实验"三部分。基础知识部分介绍了实验用水、常用器皿、化学试剂、分析质量的控制及数据处理等基本知识;土壤学实验部分包含土壤基本物理学性质,土壤化学性质和生物学性质的分析测定,以及土壤发生分类野外认知调查四方面内容;植物营养学实验部分包括肥料的物理与化学性质分析测定,营养元素的作用与缺素诊断,养分供应与作物品质三方面的内容。

　　本书以浙江大学资源科学系编写的《土壤学实验讲义》《植物营养学实验讲义》为基础,吸收了其他兄弟院校等的有关材料编写而成,在此表示诚挚的感谢。由于编者水平有限,错误和不妥之处在所难免,恳请读者批评指正。

编　者

2014 年 7 月

目　录

第三篇　植物营养学实验

第一篇　基础知识

第一章　基础知识

一　纯水的制备和检验

1.1　纯水的制备

在化学实验中,根据任务及要求的不同,对水的纯度要求也不同。对于一般的分析工作,采用蒸馏水或去离子水即可;而对于超纯物质分析,则要求纯度较高的"高纯水"。由于空气中的二氧化碳(CO_2)可溶于水中,故水的 pH 值常小于 7,一般 pH 值约为 6。制备纯水的方法不同,带来杂质的情况也不同。实验室中常用以下几种方法制备纯水。

1.1.1　蒸馏法

实验室制取蒸馏水多用内阻加热蒸馏设备或硬质玻璃蒸馏器。制取高纯水,则需要使用银质、金质、石英或聚四氟乙烯蒸馏器。蒸馏法只能除去水中非挥发性的杂质,而溶解在水中的气体并不能除去。蒸馏水中杂质含量如表 1-1 所示。

表 1-1　蒸馏水中杂质含量　　　　　　　　　　　　　　　　$mg \cdot mL^{-1}$

蒸馏器名称	杂质含量				
	Mn^{2+}	Cu^{2+}	Zn^{2+}	Fe^{3+}	$Mo(Ⅵ)$
铜制蒸馏器	1	10	2	2	2
石英蒸馏器	0.1	0.5	0.04	0.02	0.001

制备蒸馏水时,将最初馏出的约 200mL 水弃去,蒸至剩下原体积 1/4 时停止,只收集中间的馏分。这样蒸馏一次得到的蒸馏水称为普通蒸馏水,用来洗涤一般的玻璃仪器和配制普通的实验溶液。蒸馏两次或三次得到的蒸馏水称为二次或三次蒸馏水,用于要求较高的实验。但是,实践表明,太多次的重复蒸馏无助于水质的进一步提高,这是因为水质会受到低沸点杂质、空气中的 CO_2、器皿的溶解性等诸多因素的影响。

几种特殊要求的纯水的制备方法如下:

(1)pH≈7 的高纯水:在第一次蒸馏时,加入氢氧化钠或高锰酸钾,第二次蒸馏时加入磷酸,第三次用石英蒸馏器蒸馏。在整个蒸馏过程中,注意避免水与大气直接接触。

(2)不含金属离子的纯水:在 1L 普通蒸馏水中,加入 2mL 浓硫酸,在硬质玻璃蒸馏器中蒸馏。这样制得的纯水中含有少量的硫酸,可用于金属离子的测定。但是对于痕量分析,这样的水仍不能满足要求,可用亚沸蒸馏水。

（3）不含二氧化碳的纯水：将普通蒸馏水放在蒸馏瓶中直接加热 30min 即可。制得的纯水要贮存在装有碱石灰干燥管的瓶中。这样的水适用于配制 pH 试液、标准缓冲溶液、标准酸溶液等。

（4）不含有机物的纯水：在普通蒸馏水中加入少量碱性高锰酸钾或纳氏试剂,在硬质玻璃蒸馏器中蒸馏。

（5）不含氯的纯水：将普通蒸馏水在硬质玻璃蒸馏器中先煮沸再蒸馏,收集中间馏分。

（6）不含氧的纯水：将普通蒸馏水在平底烧瓶中煮沸 12h,之后通过玻璃磨口导管与盛有焦性没食子酸的碱性溶液吸收瓶连接起来。冷却后使用。

（7）不含酚、亚硝酸、碘的纯水：在普通蒸馏水中加入氢氧化钠,使之呈碱性,再用硬质玻璃蒸馏器蒸馏。也可在 1L 普通蒸馏水中加入 10～20mg 活性炭,充分振荡后,用三层定性滤纸过滤两次除去活性炭,制备不含酚的纯水。

1.1.2 离子交换法

利用阴阳离子交换树脂上的 OH^- 和 H^+ 可分别与溶液中的其他阴阳离子交换的方法（离子交换法）制取的纯水称为去离子水,目前多采用阴阳离子交换树脂的混合床装置来制备。此法的优点是制备的水量大,成本低,除去离子的能力强;缺点是设备及操作较复杂,不能除去非电解质杂质,而且有微量树脂溶在水中。去离子水杂质含量如表 1-2 所示。

表 1-2　去离子水中杂质含量　　　　　　　　　　　　　　　　　　　$mg \cdot mL^{-1}$

项目	Cu^{2+}	Zn^{2+}	Mn^{2+}	Fe^{3+}	$Mo(Ⅵ)$	Mg^{2+}	Ca^{2+}
杂质含量	<0.002	<0.05	<0.02	<0.02	<0.02	<2	<0.2
项目	Sr^{2+}	Ba^{2+}	Pb^{2+}	Cr^{3+}	Co^{2+}	Ni^{2+}	B、Sn、Si、Ag
杂质含量	<0.06	<0.006	<0.02	<0.02	<0.002	<0.002	不得检出

1.1.3 电渗析法

电渗析法是在离子交换技术的基础上发展起来的一种方法。电渗析设备由阴离子交换膜、阳离子交换膜和浓缩室、稀释室交替排列组成隔室。在外电场作用下,利用阴阳离子交换膜对溶液中离子的选择性透过而使溶液中溶质和溶剂分开,从而达到净化水的目的。

电渗析法的脱盐率在 95%～99%,除去杂质的效果较低,水质质量较差,只适用于一些要求不太高的分析工作。在实验室中,一般把电渗析法作为离子交换法的前处理,以延长离子交换树脂的使用寿命。

此外,还有反渗透法、超滤和微孔过滤法等方法,用以制备不同需求的高纯水。

1.2　纯水的检验

纯水的检验有物理方法（测定水的电阻率）和化学方法两类。以下是一般分析实验检验纯水的几个主要项目。

1.2.1 物理方法

利用电导率仪或兆欧表测定水的电阻率是最简单而又实用的方法。水的电阻率越高，表示水中的离子越少，水的纯度越高。25℃时，电阻率为 $1.0\times10^6\sim10\times10^6\ \Omega\cdot cm$ 的水称为纯水，电阻率大于 $10\times10^6\ \Omega\cdot cm$ 的水称为高纯水，高纯水应保存在石英或塑料容器中。

纯水的电阻率在 $0.5\times10^6\sim1.0\times10^6\ \Omega\cdot cm$ 以上时，即可满足日常化学分析的要求，对于较高要求的分析工作，应选用电阻率更高的高纯水。表 1-3 列出了各级纯水的电阻率。

表 1-3　各级高纯水的电阻率　　　　　　　　　　　　　　　　　$\Omega\cdot cm, 25℃$

水的类型	电阻率
自来水	~1900
复床离子交换水	2.5×10^5
一次蒸馏水（玻璃）	3.5×10^5
三次蒸馏水（石英）	1.5×10^6
混床离子交换水	12.5×10^6
28 次蒸馏水（石英）	16×10^6
炭吸附,混床离子交换树脂和膜滤器制水	$15\times10^6\sim18\times10^6$
绝对水（理论最大电阻率）	$\sim18.3\times10^6$

1.2.2 化学方法

(1)pH 值：用酸度计测定与大气相平衡的纯水的 pH 值，一般 pH 为 6 左右。采用简易化学方法测定时，取两支试管，各加入 10mL 水，于甲试管中滴加 0.2％甲基红（变色范围 pH4.2～6.2)2 滴，不得显红色；于乙试管中滴加 0.2％溴百里酚蓝（变色范围 pH 6.0～7.6)5 滴，不得显蓝色。

(2)硅酸盐检验：取 30mL 水于小烧杯中，加入 $4mol\cdot L^{-1}$ 硝酸溶液 5mL，5％钼酸铵溶液 5mL，室温下放置 5min（或水浴加热半分钟）。而后，加入 10％ 亚硫酸钠溶液 5mL，摇匀。观察是否出现蓝色，如呈现蓝色则不合格。

(3)氯离子检验：取 20mL 水于试管中，加 1 滴 $4mol\cdot L^{-1}$ 硝酸溶液酸化，加入 $0.1mol\cdot L^{-1}$ 硝酸银溶液 1～2 滴，观察。如出现白色乳状物，则不合格。

(4)金属离子：取 25mL 水于小烧杯中，加 0.2％铬黑 T 指示剂 1 滴，氨性缓冲溶液（pH＝10)5mL，如呈现蓝色，说明 Cu^{2+}、Pb^{2+}、Zn^{2+}、Fe^{3+}、Ca^{2+}、Mg^{2+} 等阳离子含量甚微，水合格。如呈现紫红色，则说明水不合格。

(5)二氧化碳的检验：取 30mL 水于玻璃磨口锥形瓶中，加氢氧化钙试液 25mL。塞紧、摇匀，静置 1h，观察，不得有浑浊。

(6)不挥发物的检验：：将 100mL 水在水浴上蒸干，并在烘箱中 105℃干燥 1h，残渣不超过 0.1mg 为合格。

二 器皿的洗涤与干燥

在实验室中,洗涤玻璃仪器不仅是一项实验前需做好的准备工作,也是一项技术性的工作。仪器洗涤是否符合要求,对实验结果有很大影响。

2.1 洁净剂及使用范围

实验室常用洁净剂为去污粉和洗液。去污粉用于可以用刷子直接刷洗的仪器,如烧杯、三角瓶、试剂瓶等;洗液多用于不便用于刷子洗刷的仪器,如滴定管、移液管、容量瓶、蒸馏器等特殊形状的仪器,也用于洗涤长久不用的杯皿器具和刷子刷不下的结垢。用洗液洗涤仪器,是利用洗液本身与污物起化学反应的作用将污物去除,因此需要浸泡一定的时间使其充分作用,后将洗液倒回原洗液瓶中。

2.2 洗涤液的制备及使用注意事项

洗涤液简称洗液,根据不同的要求有各种不同的洗液。实验室内常用的有铬酸洗液、碱性高锰酸钾洗液等多种,可根据需要选用。

2.2.1 铬酸洗液

铬酸洗液是一种强酸氧化剂洗液,是用重铬酸钾($K_2Cr_2O_7$)和浓硫酸(H_2SO_4)配成的。重铬酸钾在酸性溶液中有很强的氧化能力,对玻璃仪器又极少有侵蚀作用,所以这种洗液在实验室内使用最广泛。

铬酸洗液的配制方法:取5g重铬酸钾于250mL烧杯中,先用10mL的水加热溶解。稍冷后,将80mL工业用浓硫酸徐徐加入重铬酸钾溶液中(注意:千万不能将水或溶液加入浓硫酸中),边加边用玻璃棒搅拌,并注意不要溅出,混合均匀。待冷却后,装入洗液瓶备用。新配制的洗液为红褐色,氧化能力很强。当洗液用久后变为黑绿色,即说明洗液已无氧化洗涤力,应当重新配制。

这种洗液在使用时要切实注意不能溅到身上,以防"烧"破衣服和损伤皮肤。洗液倒入要洗的仪器中,应使仪器周壁全浸洗后稍停一会再倒回洗液瓶。第一次用少量水冲洗刚浸洗过的仪器后,废液应倒入废液缸中,不要倒入水池和下水道,以免腐蚀水池和下水道。

2.2.2　碱性高锰酸钾洗液

称取 4g 高锰酸钾于 250mL 烧杯中,加入 10g 氢氧化钠。用少量水加入烧杯,并不断搅拌,使高锰酸钾与氢氧化钠充分溶解,将已溶解部分小心地移入 100mL 棕色容量瓶中。如此反复操作,直至高锰酸钾完全溶解。再用蒸馏水反复冲洗烧杯,将冲洗液并入试剂瓶,直至烧杯内壁无紫红色,定容。在棕色试剂瓶中密闭保存。

碱性高锰酸钾洗液用于清洗油污或其他有机物,洗后容器玷污处有褐色二氧化锰析出,可用(1+1)工业盐酸或草酸洗液(5～10g 草酸溶于 100mL 水中,加入少量浓盐酸即可)、硫酸亚铁、亚硫酸钠等还原剂去除。

2.2.3　氢氧化钠(钾)乙醇洗液

将 95% 乙醇 1L 加入 120mL 氢氧化钠(钾)水溶液(此溶液含有 120g 氢氧化钠或氢氧化钾)中,就成为一种去污力很强的洗液,但是玻璃磨口长期暴露在这种溶液中容易被损坏。

2.2.4　碱性洗液

碱性洗液用于洗涤有油污物的仪器,用此洗液洗涤时采用长时间(24h 以上)浸泡法,或者浸煮法。从碱洗液中捞取仪器时,要戴乳胶手套,以免烧伤皮肤。常用的碱洗液有:碳酸钠(Na_2CO_3,即纯碱)液,碳酸氢钠($NaHCO_3$,小苏打)液,磷酸钠(Na_3PO_4)液,磷酸氢二钠(Na_2HPO_4)液等。

2.2.5　纯酸洗液

纯酸洗液根据器皿污垢的性质直接用浓盐酸、(1+1)盐酸溶液或浓硫酸(H_2SO_4)、(1+2)硝酸溶液浸泡或浸煮器皿(温度不宜太高,否则浓酸挥发,产生刺激性气体)。使用此类洗液时必须在通风柜内操作,同时佩戴保护镜,避免酸气腐蚀和烧伤。

2.3　洗涤玻璃仪器的步骤与要求

洗刷仪器时,应佩戴橡胶手套,避免被器皿中残留的化学试剂烧伤。如仪器长久存放附有尘灰,须先用清水冲去,再按要求选用洁净剂洗刷或洗涤。如用去污粉将刷子蘸上少量去污粉,将仪器内外全刷一遍,再边用水冲边刷洗至肉眼看不见有去污粉时,用自来水洗 3～6 次,再用蒸馏水冲 3 次以上。

(1)一个洗干净的玻璃仪器,应该以挂不住水珠为度。如仍能挂住水珠,则需要重新洗涤。蒸馏水冲洗时,要用顺壁冲洗方法并充分振荡。经蒸馏水冲洗后的仪器,用指示剂检查应为中性。

(2)用作痕量金属分析的玻璃仪器,使用(1+2)硝酸溶液浸泡过夜,然后进行常法洗涤。

(3)玻璃仪器清洗后按照编号分类摆放,根据需要烘干后放入相应的橱柜中保存。

(4)实验结束后,应将玻璃器皿内废液倒出并简单冲洗,后将需清洗的器皿放置在"待清洗区"。

(5)对于有特殊要求的测试项目,在使用前需使用二次水仔细冲洗玻璃器皿三次以上,以保证数据质量。

2.4　玻璃仪器的干燥

做实验经常要用到的仪器,应在每次实验完毕后洗净干燥备用。不同实验对仪器的干燥有不同的要求:一般定量分析用的烧杯、锥形瓶等仪器洗净即可使用,而对于其他实验用的仪器很多是要求干燥的。应根据不同要求对仪器进行干燥。

(1)晾干:对于不急等用的仪器,只要求一般干燥的玻璃仪器,如烧杯、锥形瓶、容量瓶、滴定管等,通常采用的是自然晾干的干燥方法。可将玻璃仪器在蒸馏水冲洗后,在无尘处或专用架子上倒置控去水分,令其自然干燥。

(2)烘干:如果要求比较干燥的玻璃仪器,在自然干燥的干燥程度或速度无法达到要求的情况下,可将洗净、待干燥的玻璃仪器控去水分,放在 $105\sim110$ ℃烘箱内,烘干 1h 左右,取出放冷后再使用。此法适用于一般仪器。称量瓶等在烘干后要放在干燥器中冷却和保存。带实心玻璃塞的仪器及厚壁仪器烘干时要注意慢慢升温并且温度不可过高,以免破裂。带有刻度的量器不可放于烘箱中干燥。

(3)吹干:对于要求快速干燥但不能烘干的玻璃仪器,如比色皿、比色管、容量瓶等,洗净并控去水分后,通常可加入适量与水混溶且易挥发的有机溶剂(如无水乙醇、丙酮)等摇洗,然后倒出有机溶剂,并用吹风机或放在气流干燥器上吹干。

三 常用的仪器和器皿

实验室常用的仪器和器皿,包括玻璃、石英玻璃、非玻璃(玛瑙、瓷等)、金属、塑料等材质的仪器和器皿。

3.1 玻璃仪器和器皿

玻璃的化学组成主要是二氧化硅(SiO_2)、氧化铝(Al_2O_3)、氧化硼(B_2O_3)、金属氧化物(Na_2O、K_2O、CaO、ZnO)等。特硬玻璃和硬质玻璃中含有较多 SiO_2 和 B_2O_3 成分,属于高硼硅酸盐玻璃一类,具有较好的热稳定性、化学稳定性,能耐热急变温差,受热不易发生破裂,用于加热类玻璃仪器。玻璃虽然具有较好的化学稳定性,不受一般酸、碱、盐的侵蚀,但是氢氟酸(HF)对玻璃有很强的腐蚀作用,故不能使用玻璃仪器和器皿进行含有氢氟酸的实验。碱溶液,特别是浓的或者热的碱溶液,对玻璃也有明显的侵蚀。因此,玻璃容器不能用于碱性溶液的长时间存放,更不能使用磨口玻璃容器存放碱溶液。表1-4列出了常用玻璃仪器。

表 1-4 常用玻璃仪器一览表

名称	主要用途	使用要求
烧杯	配制溶液、溶样	加热时应放在石棉网上,待加热溶液的体积不超过总容积的 2/3;不可干烧
锥形瓶(三角瓶)	加热处理试样与容量分析	与上要求相同。此外,磨口锥形瓶加热时要求打开塞子
碘(量)瓶	碘量法或其他生成挥发物质的定量分析	为防止内容物挥发,瓶口用水封;可垫石棉网加热
圆底烧瓶	加热或蒸馏	一般避免直接用火焰加热,可垫石棉网加热
圆底蒸馏烧瓶	蒸馏	避免直接用火焰加热
凯氏烧瓶	消化有机物	避免直接用火焰加热;可用于减压蒸馏
量筒、量杯	量取一定体积液体	不能加热;不能用来配制溶液;不可在烘箱中烘烤;不能盛热溶液;沿壁加入或倒出
容量瓶	配置准确体积的溶液	保持磨口塞原配;不能直接加热、烘烤;可水浴加热
滴定管	容量分析滴定操作	活塞要保持原配;不能加热;不能存放碱溶液;酸式、碱式滴定管不能混用
移液管	准确地移取溶液	不能加热

续表

名称	主要用途	使用要求
称量瓶	高型用于称量样品,低型用于烘干样品	磨口塞要原配;称量时不可用手直接拿取;烘烤时不可盖紧盖子
试剂瓶	细口瓶用于存放液体试剂;广口瓶用于存放固体试样;棕色瓶用于保存怕光试剂、药品	不能加热;不能用来配制溶液;磨口塞保持原配;存放碱液应用橡皮塞,以免日久打不开
滴瓶	装需要滴加的试剂	不要将试剂吸入橡皮头内
三角漏斗	长颈漏斗用于定量分析过滤沉淀;短颈漏斗用于一般过滤	不能直接加热;根据沉淀量选择漏斗大小
分液漏斗	分开两相液体;用于萃取分离和富集	磨口塞保持原配;使用时塞口需要涂凡士林;长期不用时应在塞口垫一张纸
试管	定性检验;离心分离	硬质玻璃试管可直接加热;离心试管只能在水浴加热
比色管	比色分析用	不能直接加热;不可用去污粉刷洗
冷凝管与分馏柱	冷凝蒸馏出的蒸气,蛇形管用于冷凝低沸点液体蒸气	不可骤冷骤热;冷凝水从下口进入,上口流出
抽滤瓶	抽滤时接收滤液	属厚壁容器,能耐负压;不能加热
表面皿	覆盖烧杯、漏斗等	不能直接加热;直径要大于所覆盖容器
干燥器	保持烘干及灼烧过的物质的干燥;干燥制备物	底部要放干燥剂;盖子磨口处要涂抹凡士林;不可将炽热物体放入

3.2　石英玻璃仪器和器皿

　　石英玻璃是一种只含二氧化硅单一成分的特种玻璃。由于种类、工艺、原料的不同,国外常常称作硅酸玻璃、石英玻璃、熔融石英、熔凝石英、合成熔融石英,以及没有明确概念的透明、半透明、不透明石英等。我国统称石英玻璃,多按工艺方法、用途及外观来分类,如电熔透明石英玻璃、连熔石英玻璃、气炼透明石英玻璃、合成石英玻璃、不透明石英玻璃、光学石英玻璃、半导体用石英玻璃、电光源用石英玻璃等。人们习惯于用"石英"这样一个简单的词汇来命名这种材料,其实是不妥的,因为"石英"是二氧化硅结晶态的一种通称,它与玻璃态二氧化硅在理化性质上是有区别的。

　　石英玻璃具有极低的热膨胀系数、高的耐温性、优良的电绝缘性、低而稳定的超声延迟性能,并有着高于普通玻璃的力学性能。

　　石英玻璃有极好的化学稳定性,属酸性材料,除氢氟酸和热磷酸外,对其他任何酸均表现为惰性,是极好的耐酸材料。在常温下碱和盐对石英玻璃的腐蚀程度也是极微的。

　　石英玻璃有独到的光学性能,既可以透过远紫外光谱,是所有透紫外材料最优者,又可透过可见光和近红外光谱。用户可以根据需要,从 $185\sim3500\,\mu m$ 波段范围内任意选择所需品种。

　　石英玻璃常用于高纯物质的分析及痕量金属的分析,不会引入碱金属等。常用的石英玻璃仪器和器皿有石英烧杯、蒸发皿、石英舟、石英试管、石英比色皿、石英蒸馏器等。石英玻璃制品是贵重的材料,比玻璃制品更脆,易破碎,故使用时必须轻拿轻放,特别小心。

3.3 玛瑙器皿

玛瑙是一种贵重的矿物,是石英隐晶质集合体的一种,主要成分是二氧化硅,还含有少量的铝、铁、钙、镁、锰等金属氧化物。玛瑙硬度大,化学性质稳定,主要用于研磨各种物质。

使用玛瑙研钵时,遇到大块的物料或结晶体,要轻轻压碎后再行研磨。硬度过大、颗粒过粗的物质最好不要在玛瑙研钵中研磨,以免损坏其表面。玛瑙研钵不能受热,不可放在烘箱中烘烤,也不能与氢氟酸接触。玛瑙研钵使用后要用水清洗干净,必要时可用稀盐酸清洗,或用氯化钠研磨,也可用脱脂棉蘸无水乙醇擦净。

3.4 瓷器皿

化学实验室所用的瓷器皿,实际上是上釉的陶器,它的熔点较高(1410℃),可耐高温烧灼,如瓷坩埚可以加热至1200℃,灼烧后其质量变化很小,故常用于灼烧沉淀及称量。

厚壁瓷器皿在高温蒸发和烧灼操作中,应避免温度的突然变化和加热不均匀导致破裂。瓷器皿对酸碱等化学试剂的稳定性比玻璃仪器器皿好,但是同样不能与氢氟酸接触。瓷器皿力学性能较好,而且价格便宜,故应用较广。表1-5为实验室中常用的一些瓷器皿。

表 1-5 常用瓷器皿

名称	主要用途
蒸发皿	蒸发与浓缩液体;500℃以下灼烧物料
坩埚	灼烧沉淀;处理样品(高型可用于隔绝空气条件下处理样品)
燃烧管	燃烧法测定碳、氢、硫等元素
燃烧舟	样品放在其中进行高温反应
研钵	研磨固体物料,但不能研磨强氧化剂
点滴板	定性点滴实验,白色沉淀用黑色点滴板,其他颜色沉淀用白色点滴板
布氏漏斗	漏斗中铺滤纸,用于抽滤操作

3.5 铂器皿

铂又称白金,熔点高达1174℃,化学性质稳定,在空气中灼烧后不发生化学变化,也不吸收水分,大多数化学试剂对它无侵蚀作用,耐氢氟酸性能好,能耐熔融的碱金属碳酸盐。因而常常用于沉淀的烧灼称重、氢氟酸溶样以及碳酸盐的熔融处理等。化学实验室常用的铂器皿有铂坩埚、铂蒸发皿、铂舟、铂电极等。

铂器皿的使用应遵守下列规则：

（1）铂器皿的领取、使用、消耗和回收都应制定严格的制度。

（2）铂质地软，即使含有少量铑、铱的合金也较软，所以拿取铂器皿时勿太用力，以免其变形。在脱熔块时，不能用玻璃棒等尖锐物体从铂器皿中刮取，以免损伤内壁；也不能将热的铂器皿骤然放入冷水中，以免发生裂纹。已变形的铂坩埚或器皿可用其形状相吻合的水模进行校正。

（3）铂器皿在加热时，不能与其他任何金属接触，因为在高温下铂易与其他金属生成合金，所以，铂坩埚必须放在铂三角架上或陶瓷、黏土、石英等材料的支持物上灼烧，也可放在垫有石棉板的电热板或电炉上加热，但不能直接与铁板或电炉丝接触。所用的坩埚钳子应该包有铂头，镍或不锈钢的钳子只能在低温时方可使用。

（4）在使用铂器皿时应避免与下列物质接触：①易被还原的金属、非金属及其化合物，如银、汞、铅、铋、锑、锡和铜的盐类在高温下易被还原成金属，可与铂形成低熔点合金；硫化物和砷、磷的化合物可被滤纸、有机物或还原性气体还原，生成脆性磷化铂及硫化铂等。②固体碱金属氧化物和氢氧化物、氧化钡、碱金属的硝酸盐和亚硝酸盐、氰化物等，在加热或熔融时对铂有腐蚀性。碳酸钠、碳酸钾和硼酸钠可以在铂器皿中熔融，但碳酸锂不行。③卤素及可能产生卤素的混合溶液，如王水、盐酸和氧化剂（高锰酸盐、二氧化锰等）的混合物。④碳在高温时会与铂反应生成碳化铂，因此铂器皿加热时只能用不发光的氧化焰，不能与带烟或发亮的还原火焰接触，以免形成碳化铂而变脆。

（5）成分不明的物质不要在铂坩埚中加热或溶解。

（6）铂坩埚必须保持清洁，内外应光亮，经过长久灼烧后，铂坩埚外表可能变得黯然无光，日久必深入到内部致使坩埚脆弱破裂，因此必须及时清除不清洁之物。

（7）铂坩埚的清洗：在稀盐酸或稀硝酸内煮沸。如用稀酸尚不能洗净时，可用焦硫酸钾、碳酸钠，或硼砂低温熔融 5～10min，把熔融物倒掉，再用盐酸溶液浸煮。如仍有污点，或表面发乌，则用通过 100 筛目的无尖锐棱角的细砂，用水润湿后轻轻摩擦，可使表面恢复光泽。

3.6 塑料器皿

常用的塑料器皿的材质有聚乙烯、聚丙烯和聚四氟乙烯等，可根据其特性和要求选用。

聚乙烯可以分为低密度、中密度和高密度三种，其软化温度为 105～125℃，短时间使用可到 100℃。耐一般酸碱腐蚀，但能被氧化性酸慢慢侵蚀。常温下不溶于一般的有机溶剂，与脂肪烃、芳香烃和卤代烃长时间接触会溶胀。聚丙烯比聚乙烯硬，熔点约为 170℃，最高使用温度 130℃，120℃ 以下可以连续使用。聚丙烯与大多数介质不起作用，但能被浓硫酸、浓硝酸、溴水及其他强氧化剂慢慢侵蚀。

实验室常使用聚丙烯和聚乙烯制成的烧杯、试剂瓶、漏斗、量杯、洗瓶、蒸馏水桶等。塑料对各种试剂有渗透性，因此不易清洗干净。它们吸附杂质的能力也较强，为了避免交叉污染，在使用塑料器皿贮存溶液时最好实行专用。

聚四氟乙烯是热塑性塑料，色泽白，有蜡状感，耐热性好，最高工作温度 250℃。除熔融态的钠和液态氟外,能耐一切浓酸、浓碱、强氧化剂的腐蚀,在王水中煮沸也不发生变化。聚四氟乙烯的电绝缘性能好,并能切削加工,在 415℃ 以上急剧分解放出极毒的全氟异丁烯气体。聚四氟乙烯可用来制造烧杯、蒸发皿、分液漏斗的活塞、搅拌器、坩埚等。

四　化学试剂

　　化学试剂是进行化学研究、成分分析的相对标准物质,按照中华人民共和国国家标准和原化工部部颁标准,共计 225 种。这 225 种化学试剂以标准的形式,规定了我国的化学试剂含量的基础。其他化学品的含量测定都是以此为基准,因此,这些化学试剂的质量就显得十分重要。同时,这 225 种化学试剂由于用途极为广泛而成为基本品种。这 225 个品种在化学试剂目录中均已标注。此外,还有特种试剂,这类试剂生产量极小,几乎是按需定产,其数量一般为用户所指定。

　　试剂与用量是否恰当,将直接影响分析结果,因此了解试剂的性质、分类、规格及使用常识是非常重要的。

4.1　化学试剂的分级与规格

　　在我国,通用试剂采用优级纯、分析纯、化学纯三个级别表示。此外,还有基准试剂、生物染色剂等。常见质量级别如下:

　　(1)优级纯(GR,深绿色标签):主成分含量很高,纯度很高,适用于精确分析和研究工作,有的可作为基准物质。

　　(2)分析纯(AR,金光红色标签):主成分含量很高,纯度较高,干扰杂质很低,适用于工业分析及化学实验。相当于国外的 ACS 级(美国化学协会标准)。

　　(3)化学纯(CP,中蓝标签):主成分含量高,纯度较高,存在干扰杂质,适用于化学实验和合成制备。

　　(4)实验纯(LR,黄标签):主成分含量高,纯度较差,杂质含量不做选择,只适用于一般化学实验和合成制备。

　　除此之外,还有特殊规格的试剂:①高纯物质(EP)。包括超纯、特纯、高纯,用于配制标准溶液;②基准试剂(浅绿标签)。用作标定标准溶液;③色谱纯试剂(GC/LC)。为气(液)相色谱分析专用试剂;④指示剂和染色剂(ID 或 SR,紫标签)。要求有特有的灵敏度;⑤生化试剂(BR,咖啡色标签)。用于配制生物化学检验试液;⑥生物染色剂(BS,玫红色标签)。用于微生物标本染色液配制;⑦光谱纯试剂(SP)。用于光谱分析,主要成分纯度为 99.99%;⑧指定级(ZD)。按照用户要求的质量控制指标,为特定用户定做的化学试剂;⑨电子纯(MOS)。适用于电子产品生产中,电性杂质含量极低。

4.2　化学试剂的包装及标签

在 2012 年 12 月,国家质量监督检验检疫总局和国家标准化管理委员会颁布的《化学试剂 包装及标志》(GB 15346—2012),对化学试剂的包装和标识作了明确规定。

化学试剂的包装单位是指每个包装容器内盛装化学试剂的净重(固体)或体积(液体),标准规定了 5 类包装单位。根据试剂的性质和使用要求,在保证贮存、运输安全的原则下,选用适当的包装单位;对于密度较大或包装单位较小不易计量的液体产品(如汞等)可按质量计量。实验室在采购试剂时,可根据实际工作的需求来决定购买量,根据化学试剂的性质选择恰当的包装单位购买(表 1-6)。

表 1-6　化学试剂包装单位

类别	固体产品包装单位/g	液体产品包装单位/mL
1	0.1,0.25,0.5,1	0.5,1
2	5,10,25	5,10,20,25
3	50,100	50,100
4	250,500	250,500
5	1000,2500,5000,25000	1000,2000,3000,5000,25000

化学试剂的标签,是化学试剂规范的质量指标描述系统,对化学试剂的规范生产、合理使用具有十分重要的意义。标签一般包括以下内容:

(1)品名,包含中英文;

(2)化学式或示性式;

(3)相对原子质量或相对分子质量;

(4)质量级别;

(5)技术要求;

(6)产品标准号;

(7)净含量;

(8)生产批号或生产日期;

(9)生产者厂名及商标;

(10)危险品按照 GB 13690 规定给出的标志图形;并标注"向生产企业索要安全技术说明书";

(11)简单的性质说明、警示和防范说明,及 GB 15258 的其他规定;

(12)要求注明有效期的产品,应注明有效期。

4.3　化学试剂的使用

化学试剂在使用和保存过程中会受到温度、光辐照、空气和水分等外在因素的影响,容易发生潮解、霉变、变色、聚合、氧化、挥发、升华和分解等物理化学变化,使其失效而无法使用。因此,在贮存和使用过程中要注意化学试剂的使用有效性和安全。

4.3.1 化学试剂的有效性

一般情况下,化学性质稳定的物质,保存有效期相对较长,保存条件也简单。初步判断一种物质的稳定性,可遵循以下几个原则。

(1)无机化合物:一般只要包装完好无损,妥善保管,可以长期使用。但是,那些容易氧化、容易潮解的物质,在避光、荫凉、干燥的条件下,只能短时间(1～5年)内保存,具体要看包装和储存条件是否合乎规定。

(2)有机小分子化合物:一般挥发性较强,包装的密闭性要好,可以长时间保存。但容易氧化、受热分解、容易聚合、光敏性物质等,在避光、荫凉、干燥的条件下,只能短时间(1～5年)内保存,具体要看包装和储存条件是否合乎规定。

(3)有机高分子化合物:尤其是油脂、多糖、蛋白、酶、多肽等生命材料,极易受到微生物、温度、光照的影响而失去活性或变质腐败,因此,要冷藏(冻)保存,而且保存的有效时间也较短。

(4)基准物质、标准物质和高纯物质:原则上要严格按照保存规定来保存,确保包装完好无损,避免受到化学环境的影响,而且保存时间不宜过长。一般情况下,基准物质必须在有效期内使用。

大多数化学品的稳定性还是比较好的,具体情况要由实际使用要求来判定。如果分析数据作为一般了解,或者分析结果没有特定的准确要求,如一般教学实验,对化学试剂的质量级别就可以做一般要求。因此,化学试剂的有效性,首先要根据化学试剂本身的物理化学性质作出基本判断,再对化学试剂的保存状况进行表观观察,然后根据具体需要来作出能否使用的结论。

4.3.2 化学试剂的安全使用

(1)易燃易爆化学试剂。一般将闪点在25℃以下的化学试剂列入易燃化学试剂,它们多是极易挥发的液体,遇明火即可燃烧。闪点越低,越易燃烧。易燃化学试剂应存放在阴凉通风处,放在冰箱中时,一定要使用防爆冰箱。在大量使用这类化学试剂的地方,一下要保持良好通风,所用电器一定要采用防爆电器,现场绝对不能有明火。使用这类化学试剂时绝对不能使用明火力,也不能直接用加热器加热,一般采用水浴加热。

易燃试剂在剧烈燃烧时也可引发爆炸,一些固体化学试剂如:硝化纤维、苦味酸、三硝基甲苯、三硝基苯、叠氮或重叠化合物等,遇热或明火,极易燃烧或分解,发生爆炸,在使用这些化学试剂时绝不能直接加热,同时注意周围不要有明火。

还有一类固体化学试剂,遇水即可发生剧烈反应,并释放大量热,也可产生爆炸。这类化学试剂有金属钾、钠、锂、钙、氢化铝、电石等,因此在使用这些化学试剂时一定要避免它们与水直接接触。

还有些固体化学试剂与空气接触即能发生强烈氧化作用,如黄磷;还有些与氧化剂接触或在空气中受热、受冲击或摩擦能引起急剧燃烧,甚至爆炸,如硫化磷、赤磷镁粉、锌粉、铝粉等。在使用这些化学试剂时,一定要注意周围环境温度不要太高(一般不要超过30℃,最好在 20℃以下),并且不要与强氧化剂接触。

实验人员在使用易燃化学试剂时,要穿戴好必要的防护用具,戴上防护眼镜。

(2)有毒化学试剂。一般的化学试剂对人体都有毒害,在使用时一定要避免大量吸入,在使用或实验结束之后,要及时洗手、洗脸、洗澡,更换工作服。对于一些吸入或食入少量即能中毒至死的化学试剂,生物试验中致死量(LD_{50})在 50mg·kg^{-1}以下的称为剧毒化学试剂(如:氰化钾、氰化钠等其他氰化物、三氧化二砷及某些砷化物、氯化汞及某些汞盐,硫酸二甲酯等),一定要有专人保管,严格控制使用量。对一些常用的剧毒化学试剂,必须了解中毒时的急救处理方法,以防万一。

(3)腐蚀性化学试剂。任何化学试剂碰到皮肤、黏膜、眼、呼吸器官时都要立即清洗,特别是对皮肤、黏膜、眼、呼吸器官有极强腐蚀性的化学试剂(不论是液体还是固体),如:各种酸和碱、三氯化磷、氯化氧磷、溴、苯酚等。在使用前一定要了解这些腐蚀性化学试剂的急救处理方法。例如,酸溅到皮肤上要用稀碱液清洗,苯酚可用 10%乙醇溶液擦洗等。

(4)强氧化性化学试剂。强氧化性化学试剂都是过氧化物或是含有强氧化能力的含氧酸及其盐。如:过氧化酸、硝酸铵、硝酸钾、高氯酸及其盐、重铬酸及其盐、高锰酸及其盐、过氧化苯甲酸、五氧化二磷等。强氧化性化学试剂在适当条件下可放出氧发生爆炸,并且与有机物镁、铝、锌粉、硫等易燃物形成爆炸性混合物。在使用这类强氧化性化学试剂时,环境温度不要高于 30℃,通风要良好,并且不要与有机物或还原性物质共同使用(加热)。

(5)放射性化学试剂。使用这类化学试剂时,一定要按放射性物质使用方法(参见说明书)采取保护措施。

五 分析质量的控制及数据处理

分析质量控制是以统计学应用为基础,用现代科学管理和数理统计方法来控制分析数据的质量,使误差限制在允许的范围内,从而使分析数据准确可靠。

5.1 采样误差及其控制

采样误差来源于样品的采集、保存及制备各个环节所引起的误差。样品的代表性差是引起采样误差的主要原因,此外,由于采样不规范、样品制备和保存不当,造成样品污染和成分改变也是采样误差的直接来源。在分析质量控制中,样品的采集、保存及制备为第一道步骤,也是最重要和影响最大的一个环节,它对分析结果的可靠性起决定性作用。如果采样误差大,分析便无实际意义。

采样误差属于偶然误差的范畴。偶然误差的产生符合数学上的概率规律,是按照正态分布曲线分布的,是可以用数学统计方法测定的。由于样品的不均匀性,要完全克服采样过程中的偶然误差是困难的,但是根据分析的目的,采取各种有效措施,正确进行样品的采集,可以将采样的偶然误差降低到最低限度。至于在样品采集、保存及制备过程中由于被污染所引起的误差,只要遵循一定的技术规范进行操作是完全可以避免的。

究竟如何控制采样误差,才能使所采集的样品具有较大的代表性? 从理论上讲,每个混合样品的采样点愈多,即每个样品所包含的个体数愈多,则对该总体来说,样品的代表性就愈大。在一般情况下,采样点的多少,取决于所研究范围的大小、研究对象的复杂程度和试验研究所要求的精密度等因素。研究的范围愈大,对象愈复杂,采样点数必将增加。在理想情况下,应该使采样点和量最少,而样品的代表性又是最大,使有限的人力和物力得到最高的工作效率。

究竟最少需要多少个样点组成一个混合样品才符合要求? 从理论上讲,第一要保证足够多的样点,使之有较大的代表性;第二要使采样误差控制到与室内分析所允许的误差比较接近。根据这两个要求,一个混合样品应当包括的采样点数,可以根据各采样点的变异系数和试验所要求的精密度计算出来。其计算公式如下:

$$n = \left(\frac{CV}{m}\right)^2$$

式中:n——混合样品应有的采样点数;

CV——变异系数,根据标准差和平均值计算而得(见后),%;

m——试验所允许的最大误差(要求的精密度),%。

利用这个公式,可以作为提供采样数目或采样点数的参考。但是对于那些没有任何基础资料的地区的采样工作仍然无法应用,除非能对总体的变异程度有所估计。在分析人员具有一定操作技术的情况下,为了有效地控制采样误差,宁可适当增加样点数目而减少称样重复,样品待测液的重复测定更不必要,这样可以更好地控制采样误差。对于土壤、植物和肥料样品的采集、保存与制备都有规定的标准方法和技术规范,只要按采样标准和技术规范进行操作,就可以使采样误差降低到最小。为了有效地控制采样误差,在采集样品时应该遵循如下原则。

5.1.1　代表性

分析所用的样品数量很小,但它必须对所研究的实物总体有一定的代表性才能使分析结果能反映总体的某些性状。因此要选择一定数量的能够符合大多数情况的土壤、植株或肥料为样品,避免选择这类具有边际效应的地点(如田埂、地边等)以及其他特殊个体作为样品。

5.1.2　典型性

采样点和采样部位要能反映所要了解的情况,要针对所要达到的目的,采集能充分说明这一目的的典型样品。

凡作为整体评价者应按不同质量、部位的样品制成混合样品进行分析,各部位成分不均匀者可根据分析目的分部位采取典型样品进行分析,不能将不同部位样品随意混合。对于植株样品,如要用于营养诊断,一般采集典型叶片或部位、器官,幼苗期采集整个植株,其他时期一般采集地上部成熟叶片。

5.1.3　对应性

土壤和植株营养诊断及毒害诊断的采样要有对应性,即在发生缺素症或中毒症的植株附近采集土壤和植株样品,同时还要选择在正常生长的植株附近采集土壤和植株样品,这样才能根据分析结果作出正确结论。在同一地块里,发生症状的植株分布不均匀,一般不能采集混合样,而是有针对性地把有病植株和对应土壤分别采集混合。

5.1.4　适时性

测土推荐施肥采样一定要在施肥前进行,一般选择春季或秋季采样;植物营养诊断一般在植物生长期根据不同生长发育情况定期采样;对于某些农产品品质分析,特别是那些随时间推移会发生明显变化的成分,如果蔬中的维生素 C 等,采样和分析必须适时进行。

5.1.5　防止污染

采样过程中要防止样品之间的污染以及包装容器对样品的污染,尤其要注意影响分析成分的污染物质。

5.2 分析误差及其控制

5.2.1 分析误差的来源及表示方法

在分析过程中产生的各种误差统称为分析误差。分析误差包括系统误差、偶然(随机)误差和差错(粗差)。

系统误差是由分析过程中某些固定原因引起的。例如方法本身的缺陷、计量仪器不准确、试剂不纯、环境因素的影响以及分析人员恒定的个人误差等。它的变异是同一方向的,即导致结果偏高的误差总是偏高,偏低的总是偏低,只要分析条件不变,在重复测定时会重复出现,所以较易找出产生误差原因和采取各种方法测定它的大小而予以校正,因此又称为可测误差或易定误差。

偶然误差又称随机误差,是指某些偶然因素,例如气温、气压、湿度的改变,仪器的偶然缺陷或偏离,操作的偶然丢失或沾污等外因引起的误差,它的变异方向不定,或正或负,难以测定。偶然误差是服从正态分布的,即95%的测定值应落在均值 $\overline{X} \pm 1.96 S_X$(标准误)范围内,称为95%置信限;99%的测定值应落在均值 $\overline{X} \pm 2.58 S_X$ 范围内,称为99%置信限。

差错亦称粗差,是由于分析过程中的粗心大意,或未遵守操作规程,或读数、记录、计算错误,或加错试剂等造成测定值偏离真值的异常值,应将它舍弃。差错无规律可循,小的错误,可增大试验误差,降低分析的可靠性,大的错误可导致分析失败。因此,在分析过程中必须严格按照要求,细心操作,避免各种错误的发生。

上述三种误差除偶然误差外,其他两种都可以避免。控制偶然误差的方法一般采用"多次平行测定,取其平均值"的重复测定法。因为平均值的偶然误差比单次测定值的偶然误差小,误差的大小与测量次数的平方根成反比 $\left(S_X = \dfrac{S}{\sqrt{n}} \right)$。一般为评价某一测定方法,采用10次左右重复即可,若为标定某标准溶液的浓度,只要进行3~4次,一般分析只需重复1~3次。

(1)绝对误差和相对误差

两者都可用于表示分析结果的准确度。测定值与真值之差为绝对误差,有正负之分;相对误差指绝对误差与真值之比,常用百分数表示。实际应用上多以相对误差来说明分析结果的准确度。

$$绝对误差 = 测定值(X) - 真值(\mu)$$

$$相对误差/\% = \frac{测定值(X) - 真值(\mu)}{真值(\mu)} \times 100$$

(2)绝对偏差与相对偏差

偏差是测定值偏离算术平均值($\overline{X}$)的程度,用于表示分析结果的精密度。

$$绝对偏差 = 测定值(X_i) - 平均值(\overline{X})$$

$$相对偏差/\% = \frac{测定值(X_i) - 平均值(\overline{X})}{平均值(\overline{X})} \times 100$$

标准偏差(标准差)表示群体的离散程度,用以说明分析结果的精密度大小。单次测定的标准差为:

$$S = \sqrt{\frac{1}{n-1}\sum_{i=1}^{n}(X_i - \overline{X})^2} = \sqrt{\frac{\sum X_i^2 - \left(\sum X_i\right)^2/n}{n-1}}$$

S 值小,说明单次测定结果之间的偏差小,精密度高,平均值的代表性高。一般用 $\overline{X} \pm S_X$ 表示。

平均值标准差(标准误):一组多次平行测定结果用平均值表示时,一般用平均值标准差 S_X 表示平均值精密度的大小。S_X 的大小与测定次数 n 有关。

$$S_{\overline{X}} = \frac{S}{\sqrt{n}}$$

平均值标准差是重要的偏差指标,用 $\overline{X} \pm S_X$ 表示。

相对标准差(变异系数):标准差占测定值的平均值的百分率称为变异系数(CV):

$$CV/\% = \frac{S}{\overline{X}} \times 100$$

CV 小,说明平均值的波动小,亦即精密度高,代表性好。

误差和偏差虽有不同的含义,但两者又是难以区分的,因为"真值"很难测定,$\overline{X}$ 实际上是实测的"平均值",因此不必严格区分误差和偏差。在一般分析工作中通常只做两次平行测定,为简单计,可以用两个数值的"相差"(绝对相差或相对相差,不计正负号)来说明分析结果的符合程度。

分析结果的准确度主要是由系统误差决定,准确度高,表示测定结果很好。精密度则是由偶然误差决定的,精密度高,说明测定方法稳定,重现性好。精密度高的不一定准确度高,如果没有较高的精密度,则很少能获得较高的准确度。理想的测定既要有很高的准确度,也要有很高的精密度。

5.2.2　分析误差的控制

(1)粗差及系统误差的控制

误差是客观存在的,虽然不能被消除为"零",但是可以被控制在最小范围。粗差是完全可以避免的,关键在于分析检测人员需有高度的责任心和科学的态度。系统误差应从仪器、量具的校正,试剂质量选择,分析方法选用以及对照试验、空白试验等方面加以考虑。

仪器、量具的校正。必要时可对仪器、量具进行校正,如天平、比色计、容量瓶、移液管、滴定管等,以减免仪器误差。仪器校正方法可参阅有关定量分析参考书。使用仪器或量具应按具体规定进行。

试剂质量控制。应按分析要求选择适合的试剂质量,包括水及化学试剂。同时还应注意试剂的配制、使用和贮存方法,必要时应提纯试剂。

空白试验。除了不加样品以外,完全按着样品测定的同样操作步骤和条件进行测定,所得结果称为空白试验值,用以校正样品的测定值,减少试剂、仪器误差和滴定终点等所造成的误差。

对照试验。用标准物质(或参比样品)进行对照试验;或用标准方法(或参比方法)进行对照;或由本单位不同人员或不同单位进行分析对比,都可以检验和校正分析结果的误差。

分析方法的选用。分析方法应该首先选择国际分析法或国家标准方法,对尚未制定统一标准者应首选经典方法,并经过加标准物质回收试验证实在本实验室条件下已达到分析标准后方能使用。

(2)偶然误差的控制

大量的生产实践和科学实验说明,当对一个样品进行重复多次的测量,然后把测定的结果进行统计,就可以得到偶然误差符合正态分布曲线。以 x 作为 μ 的估计值,以 s 作为 σ 的估计值,用正态曲线下面积的分布规律来估计其频数分布的情况(如图1-1)。

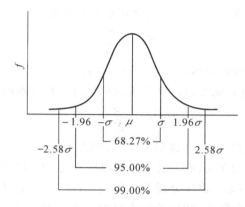

图 1-1　正态曲线下的面积分布

图中横坐标为测定值,纵坐标为获得相同数值的测定次数(即频率)。μ 为总体的平均值,σ 为总体的标准差,如以曲线下所覆盖总面积为100%,则在一个标准差范围内($\mu \pm \sigma$),68.3%的数据出现;在正负两个标准差内($\mu \pm 2\sigma$),95%的数据出现;最后在正负三个标准差内($\mu \pm 3\sigma$),99.7%的数据出现。这是建立控制限度的依据,相当于加减三个标准差。

偶然误差符合正态分布这一理论的确立,奠定了偶然误差控制的质控图制作的理论依据。因为正态曲线是一条左右对称的钟形曲线,从峰顶作一垂线与横坐标的相交点即为该总体的平均值(μ),实测值偏离 μ 愈小即偏差愈小,这种测定值出现的概率愈大;反之,若实测值偏离 μ 愈大,这种实测值出现的概率愈小。如果有一个错误的测定值,它必须偏离 μ 很远,当偏离 $\mu \pm 2.0\sigma$ 时,其出现的概率只有5%;如果偏离达到了 $\mu \pm 3.0\sigma$ 后,这种可能性只有0.27%,也就是说,如果我们将偏离 μ 这样大的测定值认为是这一总体中的一个样品的可能性只有0.27%,换句话说,它不是这个总体的可能性则有99.73%,因此有足够大的信心判定这个实测值有较大的误差,应当去掉。

从数理统计的理论出发,用平均值比用单一测定值较准确、可靠,重复的次数愈多,其平均值愈接近真值。分析结果的允许偏差(相差)范围是总结实际分析情况后确定的,两次平行测定结果的相差超过允许值时,必须重做。

确定允许偏差范围的大小,要综合考虑以下因素:①生产和科研工作的要求;②分析方法可能达到的准确度和精密度;③样品成分的复杂程度;④样品中待测成分的高低等因素。从表1-7可以看出,样品中待测成分含量愈大,允许绝对偏差也愈大,而相对偏差则愈小。微量元素的允许偏差则用绝对偏差表示更好。

表 1-7　分析结果允许的误差范围

常量分析			微量分析		
测定值	绝对偏差	相对偏差	测定值/(mg·kg^{-1})	绝对/(mg·kg^{-1})	相对偏差
80%～100%	0.30%	0.4%～0.3%	100～300	<15	5%～9%
40%～80%	0.25%	0.6%～0.3%	50～100	<8	9%～11%
20%～40%	0.20%	1.0%～0.5%	10～50	<5	11%～13%
10%～20%	0.12%	1.2%～0.6%	<10	<1.5	13%～20%
5%～10%	0.08%	1.6%～0.8%			
1%～5%	0.05%	5.0%～1.0%			
0.1%～1%	0.03%	0.003%～3.0%			

5.2.3　分析数据的统计处理

（1）可疑数据的取舍

为了使分析结果更符合客观实际，必须剔除明显歪曲试验结果的测定数据。正常数据总是有一定的分散性，如果人为删去未经检验断定其离群数据（Outliers）的测定值（即可疑数据），由此得到精密度很高的测定结果并不符合客观实际。因此不可随意取舍可疑数据，必须遵循以下原则：

① 测量中发现明显的系统误差和过失错误，由此而产生的分析数据应随时剔除。

② 可疑数据的取舍应采用统计学方法判别，即离群数据的统计检验。

③ 大样本离群数据的取舍（三倍标准差法）：根据正态分布密度函数，设测定值为 X_i，可表示为 $X_i + 3S \geqslant \mu \geqslant X_i - 3S$。若 X_i 在 $X_i \pm 3S$ 范围内，此数据可用；若在 $X_i \pm 3S$ 范围外，此数据不可用，须舍弃（亦称莱特准则）。该判断的置信度在 99.7% 以上，但测定次数增多时，出现可疑值机会就随之增加，应将取舍标准改变如下。

先计算多次测定结果的平均值 $\overline{X}$ 和标准差 S，再计算 Z 值：

$$\overline{X} = \frac{X_1 + X_2 + \cdots + X_n}{n} \quad (n \text{ 为包括可疑值尾数在内的测定次数})$$

$$S = \sqrt{\frac{\sum X^2 - (\sum X)^2 / n}{n - 1}}$$

$$Z = \frac{X - \overline{X}}{S} \quad (X \text{ 为可疑值})$$

然后查正态分布表，得对应于 Z 值的 a 值。如 $na < 0.1$，则舍弃；如 $na > 0.1$，则不舍弃。

例如：土壤全氮的 5 次平行测定结果（g·kg^{-1}）为 1.52，1.48，1.65，1.85，1.45。其中 1.85 为可疑值，需判断取舍。计算平均值 $\overline{X} = 1.59$；$S = \pm 0.164$；$Z = (1.85 - 1.59)/0.164 = 1.585$。查正态分布表 $a = 0.0565$，$na = 5 \times 0.0565 = 0.2825$，因 $na > 0.1$，可疑值 1.85 g·kg^{-1} 不予舍弃。

（2）有效数字修约规则

有效数字修约按国家标准 GB/T 8170—2008"数值修约规则"的规定进行，具体如下：

①拟舍弃数字的最左一位数字小于 5 时，则舍去，即拟保留的末位数字不变。例如，将

12.1498 修约到一位小数得 12.1；修约成两位有效位数得 12。

②拟舍弃数字的最左一位数大于(或等于)5,而其右边的数字并非全部为 0 时,则进一,即所拟保留的末位数字加一。例如,10.61 和 10.502 修约成两位有效数字均得 11。

③拟舍弃的数字的最左一位数为 5,而其右边的数字皆为 0 时,若拟保留的末位数字为奇数则进一,为偶数(包括"0")则舍弃。例如,1.050 和 0.350 修约到一位小数时,分别得 1.0 和 0.4。

④所拟舍弃的数字,若为两位以上数字时不得连续多次修约,应按上述规定一次修约出结果。例如,将 15.4546 修约成两位有效数字,应得 15,而不能 15.4546→15.455→15.46→15.5→16。

取舍原则可简记为:"四舍六入五留双"或"四舍五入,奇进偶舍"。

(3)有效数字的运算规则

①加法和减法运算规则:先将全部数字进行运算,而后对和或差修约,其小数点后有效数字的位数应与各数字中的小数点后的位数最少者相同。例如,4.007－2.0025－1.05＝0.9545→0.95。

②乘法和除法运算规则:先用全部数字进行运算,而后对积或商修约,其有效数字的位数应和参加运算的数中有效数字位数最小者相同。例如,7.78×3.486＝27.12108→27.1。

③对数运算规则:进行对数运算时,对数值的有效数字位数只由尾数部分的位数决定,首数部分为 10 的幂数,与有效数字位数无关。例如,lg1234＝3.0913。

④乘方和开方运算规则:计算结果有效数字的位数和原数相同。例如,$1.4×10^2＝11.83215957→12$。

必须注意,有效数字进行加、减、乘、除运算时,一般不得先把多余位数进行舍入修约。

第二篇 土壤学实验

土壤不仅是人类赖以生存的物质基础和宝贵财富的源泉,又是人类最早开发利用的生产资料。同自然界中的其他物质一样,土壤不仅是具有一定的物质组成、形态特征、结构和功能的物质实体,而且有着自己发生发展和长期演变的历史,土壤是由岩石风化形成的母质在生物等因素的参与下逐渐形成的,是自然界中一个独立的历史自然体。

　　土壤学是以地球表面能够生长绿色植物的疏松层为对象,研究其中的物质运动规律及其与环境间关系的科学,是农业科学的基础学科之一。主要研究内容包括:土壤组成;土壤的物理、化学和生物学特性;土壤的发生和演变;土壤的分类和分布;土壤的肥力特征以及土壤的开发利用改良和保护等。其目的在于为合理利用土壤资源、消除土壤低产因素、防止土壤退化和提高土壤肥力水平等提供理论依据和科学方法。

　　如何正确地认识和掌握各种土壤的理化性质,合理利用,并在利用中改良和提高土壤生产力,把各类作物的生产建立在科学的基础上,就是土壤学实验课的主要任务。

实验一　主要造岩矿物和主要成土岩石的识别

　　土壤矿物质部分由矿物、岩石风化而来。因此,从发生学上来看,土壤、母质和岩石三者之间有着密切的联系。岩石的种类、性质和成分不仅影响了风化作用及成土作用,而且在一定程度上影响着土壤的性质和成分。例如,砂岩所形成的自然土壤,常常是砂质的;由页岩形成的土壤,常常是泥质或黏质的;由花岗岩形成的自然土壤易呈酸性,而在相同条件下,由玄武岩形成的土壤常呈微酸性至中性或偏碱性。因此,识别岩石对野外鉴定土壤有重要意义。

一、方法原理

　　矿物是天然产于地壳及上地幔中的化学元素经各种地质作用形成的、具有一定化学成分和物理性质的单质或化合物。其中绝大多数是固态的、结晶质的化合物,是组成岩石的基本单位。按照形成矿物的地质作用可将矿物分成三大类:原生矿物、次生矿物和变质矿物。凡是原来存在于岩浆岩中的矿物,称为原生矿物(可发生物理破碎后保留在母质和土壤中)。原生矿物经风化作用,改变了原来的化学成分和结晶构造而形成的矿物,称为次生矿物。因变质作用形成的矿物称为变质矿物。

　　岩石是自然界中的一种或多种矿物以一定的规律组成的集合体,大片地产于自然界,构成地壳。岩石因其生成过程不同分为三大类,即岩浆岩、沉积岩和变质岩。岩浆岩是指地球内部的岩浆侵入地壳或喷出地面后冷却而形成的岩石;沉积岩是指上一代岩石经风化破坏,由各种地质营运力运输后沉积,再经过压固和胶结等作用,或化学沉积,或生物沉积而生成的岩石;变质岩则是岩浆岩或沉积岩由于受到高温高压的作用,使矿物重新结晶或结晶重新排列而形成的岩石。

　　1. 矿物鉴定

　　矿物是地壳及上地幔中的化学元素经各种地质作用形成的具有一定化学成分和物理性质的单质或化合物,其中绝大部分是固态的、结晶质的化合物。而岩石是自然界中的一种或多种矿物以一定的规律组成的集合体。所以岩石的识别需以矿物鉴定为基础,矿物的物理性质主要由矿物的化学成分和内部构造所决定,不同的矿物具有不同的物理性质。因此,在野外工作,一般是根据矿物的主要物理特征(如解理、断口、光泽、硬度和条痕等)和显见的化学性质(如对稀盐酸的反应),运用肉眼和一些简单的工具(小刀、放大镜、瓷棒、磁铁等)和试剂(稀盐酸)对矿物的物理性质进行鉴别,可以达到认识、区别矿物的目的。

2.岩石识别

除了从矿物组成来识别岩石外,另一个要点是岩石的外部形态和特征,其中易见且能说明其生成原因的是它的构造和结构。所谓构造是指岩石中所含的矿物颗粒的大小、排列及其相互间的关系。

岩石的分类,通常先以其生成原因为依据,分为三大类:岩浆岩、沉积岩和变质岩这三类岩石,除在野外用自然特征(如产状、构造)识别外,还可以根据其结构特性来识别。如:岩浆岩——可分为粒状、斑状、隐晶状、玻璃状和碎屑状等五种结构;沉积岩——可分为砾状、砂状、土状和密实结构等;变质岩——可分为片麻状(或条状、带状)、片状、板状和细晶结构等。

在每类岩石中,又可以根据其矿物成分的不同,细分为各种岩石。

二、主要仪器及试剂

主要造岩矿物标本、主要成土岩石标本、光泽标本、硬度分级标本,小刀、瓷板、放大镜、1∶3盐酸等。

三、实验步骤

观察主要造岩矿物标本、主要成土岩石标本、光泽标本等,运用各类常用工具及简单试剂,记录矿物的基本物理化学性质,完成实验记录表 2-1 和表 2-2。

表 2-1　岩石性状记录表

名称	岩类	颜色	结构	主要矿物组成	与盐酸的反应	其他
流纹岩						
花岗岩						
粗面岩						
玄武岩						
辉长岩						
凝灰岩						
石灰岩						
页　岩						
砂　岩						
砾　岩						
片麻岩						
板　岩						

表 2-2　矿物性状记录表

名称	解理	断口	光泽	硬度	颜色	条痕	与盐酸的反应	其他
石英								
长石								
云母								
方解石								
赤铁矿								
褐铁矿								
高岭土								

四、注意事项

1. 观察光泽时,要转动标本,注意观察反光最强的矿物的小平面(即晶面或解理面),不要求整个标本同时反光都强。

2. 观察解理时,通常先看晶体破裂后是否出现闪光的平面(转动标本时,有否闪光的小平面),就可知有无解理面。然后,再根据解理面的完整程度确定解理的等级。

3. 注意区别晶面和解理面:解理为受力后产生的破裂平面,一般较新鲜、平坦,有较强的反光;而矿物的晶面,有的表现出各种花纹或麻点,通常无明亮的反光,其表面显得黝黯。

附 I   主要成土矿物和岩石

一、主要成土矿物的物理性质

不同的矿物,其外表特征和物理性质有所不同,据此可以对矿物进行肉眼鉴定。一般可从矿物的外形、矿物的光学性质、矿物的力学性质等方面来对矿物进行鉴定(表 2-3)。

1. 形态

矿物通常会有特定的形状,例如,角闪石一般呈柱状,云母呈片状,方解石呈菱形,石棉成纤维状等。矿物的形态是指矿物的外部特征。包括单个晶体的形态和集合体的形态。

根据矿物内部的构造特点,可将矿物单体形态分为结晶质和非结晶质两类。①结晶质:矿物内部质点(分子、原子、离子)作有规律的排列,形成一定的格子构造的固体,称为结晶质(晶体)。质点有规律的排列的结果,表现为有规律的几何形体。自然界大部分的矿物都是晶体。②非结晶质:凡是矿物内部质点(分子、原子、离子)作无规律的排列,不具格子构造的固体,称为非结晶质(或非晶体)。这类矿物分布不广,种类很少,如火山玻璃。

自然界的矿物呈单体出现的很少,往往是由同种矿物的若干单体或晶粒聚集成各种各样的形态,这种矿物的形体称为矿物集合体的形态。常见有如下几种:

(1)粒状、块状集合体:由大致是等轴的矿物小晶粒组成的集合体,如粒状橄榄石,块状石英等。

(2)片状、鳞片状集合体:由片状矿物组成的集合体,如云母。当片状矿物颗粒较细时,称鳞片状集合体,如绢云母等。

(3)纤维状集合体:组成集合体的单矿物若细小如纤维时,称纤维状集合体,如纤维状石膏、纤维状石棉等。

(4)放射状集合体:若干柱状或针状矿物由中心向四周辐射排列而成的集合体称为放射状集合体,如放射状阳起石等。

(5)鲕状集合体:由形似鱼子的圆球体聚集而成的集合体称为鲕状集合体,如鲕状赤铁矿、鲕状铝土矿等。

(6)晶簇:在岩石孔洞或裂隙中,在共同的基底上生长着许多单晶的集合体,它们一端固定在共同的基底上,另一端则自由发育而具有完好的晶形称为晶簇。

(7)结核状集合体:由中心向外生长而成球粒状的集合体,如黄土中的钙质结核。

(8)钟乳状集合体:由同一基底向外逐层生长而形成的圆柱状或圆锥状的集合体,如石灰岩洞穴中形成的石钟乳。

表2-3　各种矿物的性质和风化特点

名称\特征	形状	颜色	条痕	光泽	硬度	解理	断口	盐酸反应	其他	风化特点与分解产物
石英	六方柱、椎或块状	无色、白		玻璃、油脂	7	无	贝壳状		晶面上有条纹	不易风化、难分解，是土壤中砂粒的主要来源
正长石	板状、柱状	肉红为主		玻璃	6	二向完全				风化后产生黏粒、二氧化硅和盐基物质，正长石含钾较多，是土壤中钾的重要来源之一
斜长石	板状	灰白为主		玻璃	6~6.5	二向完全			解理面上可见双晶条纹	
白云母	片状、板状	无色	白	玻璃、珍珠	2~3	一向极完全			有弹性	白云母抗风化分解能力较强，风化后能均形成黏粒，并释放大量钾素，是土壤中钾素的大量释放来源之一
黑云母		黑、褐	浅绿							
角闪石	长柱状	暗绿、灰黑		玻璃	5.5~6	二向完全	参差状			容易风化分解，产生含水氧化铁、含水氧化硅及黏粒，并释放出大量钙、镁等元素
辉石	短柱状	深绿、褐黑			5~6					
橄榄石	粒状	橄榄绿		玻璃、油脂	6.5~7	不完全	贝壳状			易风化形成褐铁矿、二氧化硅以及蛇纹石等次生矿物
方解石	菱面体或块体	白、灰黄等		玻璃、油脂	3	三向完全		强		易受碳酸作用而溶解移动，但白云石稍比方解石稳定，风化后释放出钙、镁，是土壤中碳酸盐和钙、镁的重要来源
白云石	六方柱或块状	绿、黑、黄褐			3.5~4	不完全	参差贝壳状	弱		
磷灰石	板状、针状、柱状	无色、白		玻璃	5	无				风化后是土壤中磷素营养的主要来源
石膏	块状、土状、结核状			玻璃、珍珠、绢丝	2	完全				溶解后为土壤中硫素营养的主要来源
赤铁矿	块状、土状、豆状	暗红至铁黑	樱红	半金属、土状	5.5~6	无				易氧化，分布很广，特别在热带土壤中最为常见
褐铁矿	块状、土状、结核状	黑、褐、黄	棕黄	土状	4~5	无				其分布与赤铁矿同
磁铁矿	八面体、粒状、块状	铁黑	黑	金属	5.5~6	无			磁性	难风化，云母也可氧化成赤铁矿和褐铁矿
黄铁矿	立方体、块状	铜黄	绿黑	金属	6~6.5	无			晶面有条纹	分解形成硫酸盐，为土壤风化形成的次生矿物之一
高岭石	土块状	白、灰、浅黄	白、黄	土状		无			有油腻感	由长石、云母风化形成土壤黏粒，颗粒细小是土壤黏粒矿物之一

（9）土状集合体：由粉末状的隐晶质或非晶质矿物组合的较疏松的集合体，如高岭土。

矿物所呈现的外形是多种多样的，不同的矿物往往具有不同的形态。但有时不同的矿物可以有相似的外形，如纤维状石膏和石棉，柱状角闪石和红柱石。而同一种矿物可有不同的外形，如板状和纤维状的石膏。所以，仅仅依靠外形来辨认矿物是不全面的。

2. 颜色

矿物首先引人注意的是它的颜色，矿物的颜色是其重要的特征之一。一般地说，颜色是光的反射现象。如孔雀石为绿色，是因孔雀石吸收绿色以外的色光而独将绿色反射所致。矿物按颜色深浅分为两类：一类是浅色矿物，包括无色、白色、灰色、黄色及玫瑰色的矿物，如石英、长石、白云母、方解石等；另一类是深色矿物，包括黑色、绿色、褐色的矿物，它们往往含有铁和镁，如角闪石、辉石、橄榄石、黑云母等。

矿物的颜色，根据其发生的物质基础不同，可以有自色、他色和假色。

自色——矿物本身固有的化学组成中的某些色素离子而呈现的颜色。例如赤铁矿之所以呈砖红色，是因为它含 Fe^{3+}；孔雀石之所以呈绿色，是因为它含 Cu^{2+}。自色比较固定，因而具有鉴定意义。

他色——矿物因为含有外来的带色素的杂质而产生的颜色。如石英本来是无色的，因含有机质多时呈黑色（墨晶）、含锰呈紫色（紫水晶）。由于他色具有不固定的性质，所以对矿物鉴定意义不大。

假色——矿物内部裂缝、解理面及表面由于氧化膜的干涉效应而产生的颜色。如方解石、石膏内部有细裂隙面时呈现的"晕色"。假色只对某些矿物有鉴定意义。

对于颜色的描述，一般采用"二名法"。要注意把基本色调放在后面，次要色调放在前面。如黄褐色，即以褐色为主略带黄色。另外还可用比拟法，如天蓝色，樱红色、乳白色等。为了更好地掌握颜色的描述，一般利用标准色谱和实物对比矿物进行描述。观察颜色时应选择新鲜面。

3. 光泽

矿物表面反射光波的能力称为矿物的光泽。矿物的光泽按反射光的强弱可分为四级：

（1）金属光泽：矿物反射光能力强似金属光面（或犹如电镀的金属表面）那样光亮耀眼，如自然金、方铅矿、黄铁矿等。

（2）半金属光泽：矿物反射光能力较弱，似未经磨光的铁器表面，如磁铁矿。

（3）金刚光泽：矿物反射光能力弱，比金属和半金属光泽弱，但强于玻璃光泽，如金刚石、锡石等。

（4）玻璃光泽：矿物反射光能力很弱，如玻璃表面的光泽，如石英（晶体表面上的光泽）、长石等。

此外，由于反射光受到矿物颜色、表面平坦程度及矿物集合方式等因素的影响，常出现一些特殊光泽，如下列光泽：

油脂光泽：反射光在透明、半透明矿物不平坦断面上散射成油脂状光泽，如石英断面。

树脂光泽：在不平坦断面上呈现如松香等树脂般的光泽，如浅色闪锌矿。

丝绢光泽：纤维状集合体表面所呈现的丝绸状反光，如纤维石膏。

珍珠光泽：矿物平坦断面上呈现的似贝壳内壁一样柔和多彩的光泽，如白云母。

土状光泽：粉末状或土块状集合体的矿物表面暗淡无光像土块那样的光泽，如高岭石。

4.条痕

矿物的条痕是指矿物粉末的颜色,一般是把矿物放在无釉瓷板上划一下,看瓷板上留下的粉末颜色。在试矿物条痕时,应注意硬度大于瓷板的矿物是划不出条痕的,但可将其碾碎,观察粉末的颜色。

条痕的颜色与矿物颜色可以相同,也可以不同。如黄铁矿的颜色为淡黄铜色,条痕为绿黑色;赤铁矿的颜色可以是铁黑色,也可以是红褐色,但条痕都是樱红色。由于条痕色消除了假色的干扰,减弱了他色的影响,突出了自色,因而它比矿物颜色更稳定,更具有鉴定意义。

5.解理和断口

矿物晶体或晶粒受外力作用(如敲打)后,沿一定方向出现一系列相互平行且平坦光滑的破裂面的性质称为解理。矿物的这种破裂光滑平面称为解理面。矿物受外力作用后,在任意方向上呈现出各种凹凸不平的断面的性质称为断口。解理和断口互为消长关系,即解理发育者,断口不发育;相反,不显解理者,断口发育。矿物的解理按其解理面的完好程度和光滑程度不同,通常划分为四级:

(1)极完全解理:解理面极完好,平坦且极光滑,矿物晶体可劈成薄片,如云母、辉钼矿等。

(2)完全解理:矿物晶体容易劈成小的、规整的碎块或厚板状,解理面完好,平坦、光滑,如方解石、方铅矿等。

(3)中等解理:破裂面不甚光滑,往往不连续,解理面被断口隔开成阶梯状,如辉石、白钨矿等。

(4)不完全解理:一般难发现解理面,即使偶尔见到解理面,也是小而粗糙。因此,在破裂面上常见有不平坦断口,如磷灰石、锡石等。

也有的把无解理者称为极不完全解理,晶体的破裂面完全为断口,如黄铁矿、石榴石等。断口可描述为贝壳状断口(如石英断口)、参差状断口(如黄铁矿、磁铁矿等)。

6.硬度

硬度是指矿物抵抗外来机械作用力(刻划、敲打等)的程度。鉴别矿物的硬度,可以把欲试矿物的硬度与某些标准矿物的硬度进行比较,即互相刻划加以确定。通常用的标准矿物,即摩氏硬度计就是用这种方法确定的:用 10 种矿物互相刻划,按硬度相对大小顺序把矿物硬度分为 10 级,排列在后边的矿物均能刻动前面的矿物。这 10 种标准矿物见表 2-4。

表 2-4　矿物硬度分级及代表矿物

硬度等级	代表矿物	硬度等级	代表矿物
一级	滑石	六级	正长石
二级	石膏	七级	石英
三级	方解石	八级	黄玉
四级	萤石	九级	刚玉
五级	磷灰石	十级	金刚石

在实际工作中,通常采用简单的方法来试验矿物的相对硬度,即把硬度分为3级:低硬度——小于2.5,可用指甲刻动;中等硬度——2.5~5.5,可用小刀或钢针刻动,而手指甲刻不动;高硬度——大于5.5,小刀刻不动。

7.盐酸反应

含有碳酸盐的矿物,加盐酸会放出气泡,其反应式为:

$$CaCO_3 + 2HCl \longrightarrow CaCl_2 + CO_2 \uparrow + H_2O$$

根据与10%的盐酸溶液发生反应时放出气泡的多少,可将盐酸反应分为4级:低——徐徐放出细小气泡;中——明显起泡;高——强烈起泡;极高——剧烈起泡,呈沸腾状。

二、主要岩石

主要成土的岩石按其成因不同分为火成岩、沉积岩和变质岩(表2-5)。

1.火成岩

也称岩浆岩。来自地球内部的熔融物质,在不同地质条件下冷凝固结而成的岩石。当熔浆由火山通道喷溢出地表凝固形成的岩石,称喷出岩或称火山岩。常见的火山岩有玄武岩、安山岩和流纹岩等。当熔岩上升未达地表而在地壳一定深度凝结而形成的岩石称侵入岩,按侵入部位不同又分为深成岩和浅成岩。花岗岩、辉长岩、闪长岩是典型的深成岩。花岗斑岩、辉长玢岩和闪长玢岩是常见的浅成岩。根据化学组分又可将火成岩分为:超基性岩(SiO_2含量:小于45%),基性岩(SiO_2含量:45%~52%)、中性岩(SiO_2含量:52%~65%)、酸性岩(SiO_2含量:大于65%)和碱性岩(含有特殊碱性矿物,SiO_2含量:52%~66%)。火成岩占地壳体积的64.7%。

2.沉积岩

在地表常温、常压条件下,由风化物质、火山碎屑、有机物及少量宇宙物质经搬运、沉积和成岩作用形成的层状岩石。按成因可分为碎屑岩、黏土岩和化学岩(包括生物化学岩)。常见的沉积岩有砂岩、凝灰质砂岩、砾岩、黏土岩、页岩、石灰岩、白云岩、硅质岩、铁质岩、磷质岩等。沉积岩占地壳体积的7.9%,但在地壳表层分布则甚广,约占陆地面积的75%,而海底几乎全部为沉积物所覆盖。

沉积岩有两个突出特征:一是具有层次,称为层理构造。层与层的界面称为层面,通常下面的岩层比上面的岩层年龄古老。二是许多沉积岩中有"石质化"的古代生物的遗体或生存、活动的痕迹——化石,是判定地质年龄和研究古地理环境的珍贵资料,被称作是纪录地球历史的"书页"和"文字"。

3.变质岩

原有岩石经变质作用而形成的岩石。根据变质作用类型的不同,可将变质岩分为五类:动力变质岩、接触变质岩、区域变质岩、混合岩和交代变质岩。常见的变质岩有:糜棱岩、碎裂岩、角岩、千枚岩、片岩、片麻岩、大理岩、石英岩、角闪岩、片粒岩、榴辉岩、混合岩等。变质岩占地壳体积的27.4%。

表2-4　主要成土岩石

岩类		矿物组成	颜色	结构构造	风化特点和分解产物
岩浆岩	花岗岩	钾长岩、石英为主，少量斜长石、云母、角闪石	灰白、肉红	全晶等粒结构，块状构造	抗化学风化能力强，易物理风化，风化后成砂粒、长石变成黏粒，且钾素来源丰富，形成砂黏适中的母质
	闪长岩	斜长石、角闪石为主，其次为黑云母、辉石	灰、灰绿	全晶等粒结构，块状构造	易风化，形成的土壤母质黏粒含量高
	辉长岩	斜长石、辉石为主，其次为角闪石、橄榄石	灰、黑	全晶等粒结构，块状构造	易风化，生成富含黏粒、养料丰富的土壤母质
	玄武岩	与辉长岩相似	黑绿、灰黑	隐晶质、斑状结构，杏仁状或块状构造，常有气孔	与辉长岩相似
沉积岩	砾岩	由各种不同成分的砾石被胶结而成	决定于砾石和胶结物	砾状结构（由粒径>2mm砾石被胶结而成）层状构造	风华成砾质或砂质的母质，土壤养分贫乏
	砂岩	主要由石英、长石砂粒被胶结而成	红、黄、灰	砂粒结构（颗粒直径0.1～2mm）层状构造	风化难易视胶结物而定，石英砂岩养分含量较少，长石砂岩养分含量较多
	页岩	黏土矿物为主	黄、紫、黑、灰	泥质结构（颗粒粒径<0.01mm），页理构造。	易破碎，风化产物为黏粒，养分含量较多
	石灰岩	方解石为主	白、灰、黑、黄	隐晶结构致密块状构造，有碳酸盐反应	受碳酸水溶解，风化后较难风化，富含钙质
变质岩	板岩	由泥页岩浅变质而来	灰、黑、红	结构构造致密板状构造（能劈开成薄板）	比页岩坚硬而较难风化，风化后形成的母质和土壤与页岩相似
	千枚岩	由云母等泥质岩变质而来	浅红、灰、灰绿	隐晶结构，千枚状构造，断面上常有极薄层片体，表面具有绢丝光泽	易风化，风化产物黏粒较多，并含钾素较多
	片麻岩	多由花岗岩变质而来	灰、浅红	粒状变晶结构，片麻状构造（黑白相间，呈条带状）	与花岗岩相似
	石英岩	由硅质砂岩变质而来，矿物成分主要为石英	白、灰	粒状、致密变晶结构，块状构造	质地坚硬，极难风化，物理破碎后成砾质母质
	大理岩	方解石、白云石为主，多由石灰岩、白云岩变质而来。	白、灰、绿、红、黑、浅黄	等粒变晶结构，块状构造，与10%HCl反应剧烈	与石灰岩相似

实验二　土壤样品的采集、制备和保存

　　土壤是一个不均一体,影响它的因素是错综复杂的,有自然因素、人为因素等。自然因素包括地形(高度、坡度)、母质等;人为因素有耕作、施肥等。特别是耕作施肥导致土壤养分分布的不均匀,例如条施和穴施、起垄种植、深耕等措施,均能造成局部差异。这些都说明了土壤不均一性的普遍存在,因而给土壤样品的采集带来了很大的困难。采取 1kg 样品,再在其中取出几克或几毫克,而又要足以代表一定面积的土壤,这似乎比准确的化学分析还要困难。实验室工作者只能对送来样品的分析结果负责,如果来样不符合要求,那么任何先进精密的仪器和熟练的分析技术都将毫无意义。因此,分析结果能否说明问题,关键在于采样。

　　分析测定的对象,只能是样品,但要求通过样品分析,而达到以样品论"总体"的目的。因此,采集的样品对所研究的对象(总体)必须具有最大的代表性。

　　所谓"总体",是指从一个特定来源的、具有相同的大量个体事物或现象的全体。所谓"样品",是由总体中随机抽出来的一些个体组成的。因为个体之间是有变异的,因此样品也必然存在着变异。由此看来,样品与总体之间既存在着同质的"亲缘"关系,样品因此可以代表总体;但是也存在着一定程度非异质性的差异,差异越小,样品的代表性越大,反之亦然。

　　为了使所采集样品具有代表性,采样时要贯彻"随机化"原则,即样品应当随机地取自所代表的总体,而不是凭主观因素决定的。另一方面,在一组需要相互之间进行比较的各个样品(样品 1,样品 2,…,样品 n),应当由同样的个体数组成。

　　土壤样品的代表性与采样误差直接相关。一般在田间任意取若干点,组成混合样品,它相当于平均数,借以减少土壤差异。理论上混合样品的采样点越多,即每个样品所包含的个体数越多,则对于该总体,样品代表性就越大。但是,实际上由于工作量太大有时很难做到。采样时必须兼顾样品的可靠性和工作量。在一般情况下,采样点的多少取决于采样的土地面积、土壤差异程度和实验要求的精密度等因素。研究范围越大,对象越复杂,采样点数必将增加。在理想情况下,应该使采样的点和量最少,而样品的代表性又最大,使有限的人力和物力发挥最大的工作效率。

　　称样误差主要取决于混合程度和样品的粗细。一个混合均匀的土样,在称量过程中大小不同的土粒有分离现象。而大小不同的土粒化学成分有不同,会给分析结果带来误差。称样量越少,这种影响越大。一般常根据称样量的多少来决定样品的细度。分析误差是由分析方法、试剂、仪器以及分析人员的判断产生的。一个经过严格训练的熟练的分析人员可以使分析误差降至最低限度。

　　土壤中有效养分的含量随季节改变会有很大的变化,其中的原因是很复杂的,无疑土壤的温度和水分是重要因素。温度和水分的间接影响,例如,冬季土壤中的有效磷、钾含量均比较高。这在一定程度上是因为温度降低,土壤中的有机酸有所积累,有机酸能与铁、铝、钙等离子发生络合作用,降低这些阳离子的活性,继而增加了磷的活性;同时一部分非交换态钾转变成交换态钾。因此,采集土壤样品时应注意时间因素,同一时间内采取的土样分析结果才能互相比较。分析土壤养分供应时一般在晚秋或早春采集土样。

一、方法原理

进行土壤物理性质测定时,一般需采原状样品。例如,测定土壤容重和孔隙度等,可直接用环刀在各土层中取样;又如,研究土壤结构性的样品,在采样时需注意土壤湿度,不宜过干或过湿,以不黏着工具为最佳;同时在采样及贮存过程中,要保持土块不受挤压,不使样品变形,并需除去土块与工具接触而变形的部分,以保持原状土样,带回实验室内进行处理。

以指导农业生产或进行田间试验为目的的土壤分析,一般都采集混合土样。由于土壤的不均一性,使各个体都存在着一定程度的变异。因此采样必须按照一定的采样路线和"随机"多点混合的原则。每个单元的样点数,一般常常是人为决定5~10点或10~20点,视土壤差异和面积大小而定,但不宜少于5个点。混合土样一般采集耕层土壤(1~15cm 或 0~20cm);有时为了了解各土种的肥力差异和自然肥力变化趋势,可适当地采集底土(15~30cm 或 20~40cm)的混合样品。具体要求如下:

(1)每一点采取的土样厚度、深浅、宽狭应大体一致;

(2)各点都是随机决定的,在田间观察了解情况后,采用 S 形路线采样(图 2-1);

(3)采样点应避免田边、路边、沟边和特殊地形的部位以及堆放过肥料的地方;

(4)混合样品个点的差异不能过大,不然就要根据土壤差异情况分别采集几个混合土样,使分析结果更能说明问题;

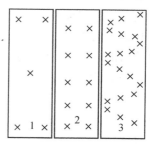

×代表采样点的位置;1,2:不适当的;3:正确的

图 2-1　土壤采样点的布置方式

(5)一个混合样品的质量在 1kg 左右,如果超出很多,可以采用"四分法"取对角两份混匀,其余可弃去。

采样方法随采样工具而不同。常用的采样工具有 3 种类型:小土铲、管形土钻和普通土钻(图 2-2)。

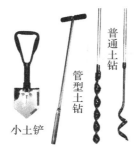

图 2-2　常用土壤采样工具

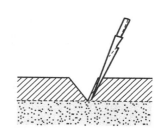

图 2-3　土铲采样示意图

用土铲可在切割的土面上根据采土深度采取上下一致的一薄片(图 2-3)。这种土铲在任何情况下都可使用,但是比较费工,多点混合采样往往也因此而不使用它。

管型土钻下部为一圆柱形开口钢管,上部为柄架,需要可使用不同管径的管型土钻,将土钻钻入土中,在一定土层深度处,取出一均匀土柱。管型土钻取土速度快,又少混杂,特别是用于大面积多点混合样品的采集。但是,它不适用于很砂性的土壤,或干硬的黏重土壤。

普通土钻使用起来比较方便,但它一般只适用于潮湿的土壤,不适用于很干的土壤以及砂土。另外,普通土钻容易使土壤混杂。用普通土钻采取的土样,分析结果往往比用其他工具采取的土样要低,特别是有机质、有效养分等的分析结果较为明显。这是因为表层土较干,用普通土钻取样容易掉落;而表层土的有效养分、有机质含量又较高。

不同取土工具带来的差异主要是由于上下土体不一致造成的,这也说明采取土壤样品时应注意采样深度,上下土体应保持一致。

二、主要仪器及试剂

小土铲,管型土钻,塑料袋,碾土盘,分样筛,牛皮纸,镊子,广口瓶,标签纸等。

三、实验步骤

1.采取土样
按照采样原则采取土壤样品,并做好标志,带回实验室。

2.样品的风干
将采回的样品,放在木盘或塑料布上,摊成薄薄的一层,置于室内通风阴干,并经常翻动,切忌阳光暴晒。在土样半干时,须将大土块捏碎(尤其是黏性土壤),以免完全干后结成硬块,难以磨细。

样品风干后,应拣去动植物残体(如根、茎、叶、虫体),石块,以及石灰、铁、锰等的结核。

3.粉碎过筛
风干后的土样倒入土盘中,用木棍研细,使那些由土壤黏土矿物或腐殖质胶结起来的土壤团粒或结粒破碎,最后使之全部通过 1mm 孔径的筛子。充分混匀后用“四分法”(图 2-4)分成两份:一份置于广口瓶中,贴上标签,用作速效 N、P、K,土壤酸度,代换量,盐基饱和度和土壤机械组成、吸湿水等一般常规项目使用;另一份还需要进一步研细,使之全部通过 0.1mm 孔径的筛子,用作土壤有机质、土壤全磷、全钾等全量分析,以及微量元素等测定分析用。将大于 1mm 的石砾称质量,根据公式计算石砾占总土质量的百分数,然后弃去。

第一步   第二步   第三步

图 2-4 “四分法”示意图

$$石砾含量/\% = \frac{石砾质量/g}{土壤总质量/g} \times 100$$

4.样品的保存

将研细的样品用磨口塞广口瓶或塑料瓶保存,一般的样品保存半年至一年,以备必要时核查之用。样品瓶上的标签须注明样号、采样地点、土类名称、试验区号、深度、采集人、采样日期、筛孔等项目。保存时应避免日光、潮湿、挥发性酸碱等的影响,否则会影响分析结果的准确性。

四、注意事项

1.风干场所力求干燥通风,并要防止酸蒸气、氨气和灰尘的污染。

2.如果土样中的石子过多,应当将检出的石子称重,记录其所占质量分数。

3.1927年国际土壤学会规定,通过2mm孔径的土壤样品作为物理分析之用,通过1mm孔径的作为化学分析之用。近年来,很多分析项目趋向于半微量的分析方法,称样量减少,要求提高样品细度以降低称样的误差。

4.研磨土样时只能用木棍滚压,不能用榔头等敲打。硬性的敲打会破坏矿物晶粒,暴露出新的表面,使有效养分的溶解性增大。全量分析不受此影响。

5.需要长期保存的样品或标准样品,应以石蜡涂封标签,以保证不变。标准样品需随样品附上各项分析结果的记录。

6.在土壤分析工作中,所使用的筛子孔径因分析项目不同而大小不同(表2-6),孔径大小的表示方法有2种:以筛孔直径表示,如孔径为2mm、1mm、0.5mm等;另一种以每英寸长度上的孔数来表示,每英寸长度上有多少个孔就称为多少目,孔数越多孔径越小。目数与孔径之间的关系可用下列简式表示:

$$筛孔直径(mm) = \frac{16}{1英寸长度上的孔数}$$

1英寸 $= 25.4mm$, $16mm = 25.4\ mm - 9.4mm$(网线宽度)

表 2-6　标准筛孔对照表

筛号	筛孔直径/mm	筛号	筛孔直径/mm	筛号	筛孔直径/mm
2.5	8.00	14	1.41	70	0.21
3	6.72	16	1.18	80	0.177
3.5	5.66	18	1.00	100	0.149
4	4.76	20	0.84	120	0.125
5	4.00	25	0.71	140	0.105
6	3.36	30	0.59	170	0.088
7	2.83	35	0.50	200	0.074
8	2.38	40	0.42	230	0.062
10	2.00	45	0.35	270	0.053
8	2.38	50	0.30	325	0.044
12	1.68	60	0.25		

实验三　土壤水分测定

土壤水分主要来源于大气降水和灌溉水,地下水上升和大气中水汽的凝结也是土壤水分的来源。水分由于在土壤中受到重力、毛管引力、水分子引力、土粒表面分子引力等各种力的作用,形成不同类型的水分并反映出不同的性质。例如,固态水(土壤水分冻结时形成的冰晶),气态水(存在于土壤空气中),束缚水(包括吸湿水和膜状水),自由水(包括毛管水、重力水和地下水)。

干土从空气中吸着水汽,称为吸湿水。土壤吸湿水的含量主要决定于空气的相对湿度和土壤质地。空气的相对湿度愈大,水汽愈多,土壤吸湿水的含量也愈多;土壤质地愈黏重,表面积愈大,吸湿水量愈多。此外,腐殖质含量多的土壤,吸湿水量也较多。吸湿水受到土粒表面分子的引力很大,最内层可以达到 pF 值 7.0,最外层为 pF 值 4.5。因此,吸湿水不能移动,无溶解力,植物不能吸收,重力也不能使它移动,只有在转变为气态水的先决条件下才能运动,因此又称为紧束缚水,属于无效水分。其主要吸附力为分子引力和土壤胶体颗粒带有负电荷产生的强大的吸引力。

膜状水指由土壤颗粒表面吸附所保持的水层,其厚度可达几十或几百个以上的水分子。薄膜水的含量决定于土壤质地、腐殖质含量等。土壤质地黏重,腐殖质含量高,膜状水含量高;反之则低。膜状水的最大值称为最大分子持水量。由于膜状水受到的引力比吸湿水小,一般为 pF 值 4.5～3.8,所以能由水膜厚的土粒向水膜薄的土粒方向移动,但是移动的速度缓慢。膜状水能被植物根系吸收,但数量少,不能及时补给植物的需求,对植物生长发育来说属于弱有效水分,又称为松束缚水分,吸附力为土粒剩余的引力。

受毛管压力作用而保持在土壤空隙中的水分称为毛管水。土壤孔隙的毛管作用因毛管直径大小而不同,当土壤孔隙直径在 0.5mm 时,毛管水达到最大量。土壤孔隙在 0.1～0.001mm 范围内,毛管作用最为明显;孔隙小于 0.001mm,则毛管中的水分为膜状水所充满,不起毛管作用,故这种孔隙可称无效孔隙。毛管水是土壤中最宝贵的水分,因为土壤对毛管水的吸引力只有 pF 值 2.0～3.8,接近自然水,可以向各个方向移动,根系的吸水力大于土壤对毛管水的吸力,所以毛管水很容易被植物吸收。毛管水中溶解的养分也可以供植物利用。

当进入土壤的水分超过田间持水量后,一部分水沿着大孔隙受重力作用向下渗漏,这部分受重力作用的土壤水分称为重力水。重力水下渗到下部的不透水层时,就会聚积成为地下水。所以重力水是地下水的重要来源。地下水的水面距地表的深度称为地下水位。地下水位要适当,不宜过高或过低。地下水位过低,地下水不能通过毛管支持水方式供应植物;

地下水位过高,不但影响土壤通气性,而且有的土壤会产生盐渍化。若重力水在渗漏的过程中碰到质地黏重的不透水层可透水性很弱的层次,就形成临时性或季节性的饱和含水层,称为上层滞水。这层水的位置很高,特别是出现在犁底层以上会使植物受渍,通常把根系活动层范围的上层滞水称为潜水层,对植物生长影响较大。重力水虽然能被植物吸收,但因为下渗速度很快,实际上被植物利用的机会很少。

上述各类型的水分在一定条件下可以相互转化。例如:超过薄膜水的水分即成为毛管水;超过毛管水的水分成为重力水;重力水下渗聚积成地下水;地下水上升又成为毛管支持水;当土壤水分大量蒸发,土壤中就只有吸湿水。

土壤中水分的多少有两种表示方法:一种是以土壤含水量表示,分质量含水量和容积含水量两种,二者之间的关系由土壤容重来换算;另一种是以土壤水势表示,土壤水势的负值是土壤水吸力。

土壤含水量的多少,直接影响土壤的固、液、气三相比,以及土壤的适耕性和作物的生长发育。在农业生产中,需要经常了解田间土壤含水量,以便适时灌溉或排水,保证作物生长对水分需要,并利用耕作予以调控,达到高产丰收的目的。测定田间土壤的含水量,可以了解田间土壤的实际含水状况,以便及时进行灌溉、保墒或排水,以保证作物的正常生长;还可以联系作物的长相、长势及耕作栽培管理措施,总结丰产的水肥条件;或者联系苗情症状,为诊断提供依据。目前使用的测定方法很多,所使用的仪器也各不相同。目前常用的方法有:烘干法、中子法、射线法和 TDR 法(又称时域反射仪法)。后三种方法需要特别的仪器,有的还需要一定的防护条件。

土壤样品的水分测定,是其他各项分析结果的基础。风干土样中水分含量受大气中相对湿度的影响,不是土壤的一种固定成分,在计算土壤各种成分时是不包括水分的。因此,一般不用风干土作为计算的基础,而用烘干土作为计算的基础。分析时一般都使用风干土,计算时就必须根据水分含量换算成烘干土。

一、方法原理

测定时将土样放置于 105～110℃的烘箱中烘至恒重,则失去的质量为水分质量,即可计算土壤样品的水分质量分数。在此温度下土壤吸着水被蒸发,而结构水不致破坏,土壤有机质也不致分解。

适用于除石膏性土壤和有机土(有机质含量 20% 以上的土壤)以外的各类土壤的水分测定。

烘干法的优点是简单、直观,缺点是采样会干扰田间土壤水分的连续性,取样后在田间留下的取样孔(尽管可填实),会切断作物的某些根并影响土壤水分的运动。烘干法的另一个缺点是代表性差。田间取样的变异系数为 10% 或更大,造成这么大的变异,主要是由于土壤水分在田间分布的不均匀所造成的。影响土壤水分在田间分布不均匀的因素有:土壤质地、结构以及不同作物根系的吸水作用和植冠对降雨的截留等。

尽管如此,烘干法还是被看成是测定土壤水分含量的标准方法,避免取样误差和少受采样的变异影响的最好方法是按土壤基质特征如土壤质地和土壤结构分层取样,而不是按固定间隔采样。

二、主要仪器及试剂

土钻,1mm 土壤筛,铝盒(大型:直径约 55mm,高约 28mm;小型:直径约 40mm,高约 20mm),分析天平(感量 0.001g,0.01g),电热恒温烘箱,干燥器(内盛变色硅胶或无水氯化钙)。

三、实验步骤

1.风干土样的水分测定

选取有代表性的风干土样,压碎,通过 1mm 筛,混匀后备用。

取小型铝盒在 105℃ 恒温烘箱中烘约 2h,移入干燥器中冷却至室温,称重,准确至 0.001g。用角勺取约 5g 风干土样均匀地铺在铝盒中,盖好,称重准确至 0.001g。将铝盒盖揭开放在盒底,置于已预热至 105±2℃的烘箱中烘 6h。取出,盖好盖,移入干燥器内冷却至室温,立即称重。同时做两份平行测定。

2.新鲜土样的水分测定

在田间钻取有代表性的新鲜土样,刮去土钻中的上部浮土,将土钻中部所需深度处的土壤约 20g,捏碎后迅速装入已知准确质量的大型铝盒中,盖紧,装入木箱或其他容器内,带回室内,将铝盒外表擦拭干净,立即称重,需尽早测定。

将盛有新鲜土样的大型铝盒在分析天平上称重,准确至 0.01g。揭开盒盖放在盒底,置于已预热至 105±2℃的烘箱中烘 12h。取出,盖好盖,移入干燥器内冷却至室温,立即称重。同时做三份平行测定。

四、结果计算

$$水分(\%)=\frac{m_1-m_2}{m_1-m_0}\times100$$

式中:m_0——烘干铝盒的质量,g;

m_1——烘干前铝盒及土样的质量,g;

m_2——烘干后铝盒及土样的质量,g。

平行测定结果的相差,水分小于 5% 的风干土样不得超过 0.2%,水分为 5%~25% 的潮湿土样不得超过 0.3%,水分大于 15% 的大粒(粒径约 10mm)黏重潮湿土样不得超过 0.7%(相当于相对不大于 5%)。

五、注意事项

1.新鲜土样带回室内后应尽快进行测定。

2.平行测定的结果用算术平均值表示,保留小数点后一位。

实验四　土壤机械分析

土壤固相是由大小不等、形状迥异的固体颗粒组成。这些土粒的直径大至数毫米以上，小至数纳米，大小相差百万倍。土壤中各级不同土粒具有不同的矿物组成和化学组成，它们的比率、空隙大小和相对数量不一样，性质也自然不同。通常，根据土壤颗粒的大小和性质，人为地划分为若干等级，称为土壤粒级（机械粒级）。土壤质地分类就是根据土壤中各种粒级颗粒的质量分数组成，把土壤划分为若干类别。对土壤质地的分类和划分标准，主要有国际制、美国农业部、卡钦斯基土壤质地分类等。需要指出的是，土壤每一粒级都包括一定大小范围的颗粒，各有其性质上的特点。由于土壤颗粒的大小变化是连续的，故其性质变化也是连续的。因此，粒级的划分多少带有人为因素，这就造成各国的划分标准有所差异。一般的，各国的土壤粒级都分为石砾、砂砾、粉粒（或称粉砂粒）和黏粒4个基本粒级。

石砾是最粗的土粒，我国主要农区土壤并不多见，只是在土石区、近河滩的山坡土壤中才出现石砾，以致影响土壤的基本特征。

砂砾的比表面积小，表面只能吸附少量水分子（包括水汽分子），在其表面形成极薄的水分子膜。粗砂粒间的孔隙粗，大多超过毛管孔径，所以它所保持的水是在粗砂粒间的接触点，为表面张力所保持。在与植物根接触时也能被吸收，这种情况在砂砾混合或以砾为主时更为明显。

粉粒的矿物组成与砂粒类似，两者的性质相近。它们已有明显的表面吸附分子能力，颗粒间孔隙的孔径表现为最活跃的毛管作用，毛管水上升迅速，上升高度可达2～3cm。中、细粉粒的矿物组成仍与砂粒相同，但表面积增大，表现出不同程度的属黏粒范围的若干性质。表面吸附水分子的力和毛管力都较强。毛管水上升运动缓慢，上升高度可能相当高，但需时间很长，速度过慢，实践意义不大。

黏粒是土壤中最细的部分，黏粒矿物是扁平的片状或盘状，具有极大的比表面积，黏粒表面有负电荷与其邻近的土壤水中的阳离子形成双电层。巨大的表面积和表面负荷使黏粒有极强的吸附水分子能力，形成与其粒径比较相对厚的水层或水膜。黏粒间的孔隙极细，黏粒吸附的水膜就有可能充满或堵塞这些极细的孔隙。黏粒孔隙在吸附水膜外侧可能还有少许空间借助毛管作用保持少量水分，在水膜不堵塞孔隙的前提下，孔隙越细毛管力越强。不言而喻，黏粒在一定含水量范围表现极强的黏结性、黏着性和可塑性，干缩湿胀的程度极高，经湿润后的干黏粒容易出现较厚的结皮，并且形成坚硬的坷垃和土块，要用极大的力量才能敲破打碎，因而需要很高的耕作技术才能得到较好耕作质量。所有黏粒含量较高的土壤，尽管有较多的作物养分却很难管理。但在田间情况下，除碱土外，黏粒大多会团聚成大小不同的团粒,可以在一定程度上缓解耕作难的情况。

土壤质地(或称作土壤颗粒组成、机械组成)是指土壤中各种大小颗粒的相对含量。它反映了土壤的砂黏程度,对肥力有着多方面的影响(表2-7),常常是土壤蓄水、导水、保肥、供肥、保温、导温和土壤耕作性等的决定性因素,是土壤最基本的性质。早在2200年前的《禹贡》一书中,就有关于各种土壤质地特征的记载。

表2-7 不同质地土壤对肥力的影响

	砂质土	黏质土	壤质土
质地特征	砂粒多而黏粒少,粒间孔隙一般较大,毛管孔粗。	细粒含量高而砂粒少,粒间孔隙狭细,孔隙数目多。	兼有砂质土和黏质土的优点,是较为理想的农业土壤
水	水分容易透入,内部排水快,但蓄水量小。蒸发强烈,含水量少。抗旱能力弱,速效肥料很容易随雨水或灌溉水流失。	蓄水量大,雨水或灌溉水的垂直下渗及排水极为困难。	
气	通气性好,好氧微生物活动强烈,有机质迅速分解并释放养料,但有机质积累困难。	孔隙被水分占据,通气不畅,好氧微生物活动受到限制,有机质分解缓慢,腐殖质与黏粒紧密结合而分解困难,易于积累。	
热	热容量比黏质土小,白天接受太阳辐射而升温快,夜间散热而降温快,昼夜温差大,易发生冻害。	热容量大,昼夜温差小,短期寒潮侵袭,降温较慢,作物受冻害较轻。	
肥	养分少,缺少黏粒和有机质。保肥能力弱。	矿质养分(特别是钾、钙、镁等盐基离子)丰富。保肥能力强。	
管理措施	①择耐旱品种,保证水源,及时灌溉;②强调增施有机肥,适时追肥,勤浇薄施,防止漏水漏肥;③适宜块茎、块根作物的生长。	①采用深沟、高沟、高畦,避免涝害;②对于缺少有机质的黏质土,要增施有机肥,注意排水,精耕细作以改善其结构性和耕性。	

一、方法原理

粒径分析的目的,就是为了测定不同直径土壤颗粒的组成,并进而确定土壤的质地。土壤颗粒组成在土壤形成和土壤的农业利用中具有重要意义。农业实践表明,土壤质地直接影响土壤水、肥、气、热的保持和运动,并与作物的生长发育有密切的关系。

土壤机械分析就是把土粒按其粒径大小分为若干级,并求出各级的量,从而求出土壤的机械组成,是土壤学中最基本的分析项目之一,常用的有吸管法和比重计法,都是以斯托克斯(G. G. Stokes,1845)定律为基础。吸管法相对精确,但需要专用的吸管及设备。比重计法所需设备简易,操作简单。可根据实验室的条件和实验精度要求不同而选择采用。

根据斯托克斯定律,球体微粒在介质中沉降,其自由沉降速度v与颗粒半径r的平方成正比,与介质的黏滞系数η成反比,其关系式如下:

$$v = \frac{2}{9} \cdot gr^2 \cdot \frac{\rho_1 - \rho_2}{\eta} \tag{1}$$

式中:v——半径为r的颗粒在介质中自由沉降的速度,$m \cdot s^{-1}$;

g——重力加速度,$9.81 m \cdot s^{-2}$;

r——沉降颗粒的半径，cm；

ρ_1——沉降颗粒的密度，$g \cdot cm^{-3}$；

ρ_2——介质的密度，$g \cdot cm^{-3}$；

η——介质的黏滞系数，$g \cdot cm^{-1} \cdot s^{-1}$。

公式(1)是指球体在介质中做自由沉降运动，当作用于球体的力——重力和阻力达到平衡时，球体做匀速运动。当球体做匀速沉降运动时，其沉降距离 s/m、沉降时间 t/s、沉降速度 $v/(m \cdot s^{-1})$ 之间满足关系式(2)：

$$s = vt \tag{2}$$

因此，由式(1)和式(2)可得：

$$t = \frac{s}{\frac{2}{9}gr^2 \frac{\rho_1 - \rho_2}{\eta}} \text{ 或 } r = \sqrt{\frac{9}{2} \cdot \frac{s}{t} \cdot \frac{\eta}{g(\rho_1 - \rho_2)}} \tag{3}$$

由公式(3)可求出不同温度下，不同半径的球体在某介质中沉降一定距离所需要的时间，或者求出在某介质中沉降一定距离内的球体颗粒的半径。

田间或自然土壤，除风砂土和碱土外，绝大部分或全部都是相互团聚成粒径不同的团粒，微团粒是黏粒直接凝聚而成，粗团粒则主要由腐殖质和某些情况下土壤的石灰物质、游离铁的作用胶结而成。在中性土壤中主要是交换性 Ca^{2+} 起作用，在酸性土壤中还有交换性 Al^{3+} 的作用，土壤溶液中盐类溶质浓度高也促进黏粒团聚。因此，传统的分散处理包括用 H_2O_2-HCl 处理和添加含 Na^+ 的化合物作为分散剂。H_2O_2 的作用是为了破坏有机质，稀 HCl 的作用是为了溶解游离的 $CaCO_3$ 和其他胶结剂，并用 H^+ 代换有凝聚作用的 Ca^{2+}、Al^{3+} 等和淋洗土壤溶液中的溶质。交换性 H^+ 也有凝聚作用，必须用分散黏粒的 Na^+ 代换之，所用 Na^+ 的数量不能超过土壤的交换量。

凡此种种，不仅手续繁杂费时，且在稀 HCl 淋洗中，也可能淋出一部分黏粒的组分，如无定形的二、三氧化物和水合氧化硅等。因此，需要收集稀 HCl 淋洗液进行化学分析测定。更重要的是腐殖质和碳酸盐也是土壤固相的一部分，若去除它们则与田间情况不一致。因此，近来常对供分析的土样直接加入可固定 Ca^{2+}、Al^{3+} 离子的 Na 盐，通常是酸性土壤加氢氧化钠、中性土壤加草酸钠、碱性土壤加六偏磷酸钠，然后用各种机械的方法进行搅拌，使其分散完全。常用的方法是煮沸法。也有用震荡法或高于大气压的气流激荡的方法。由于土样的分散处理尚无统一规定，因此分析报告中必须说明。

粒径大于 0.6mm 的粗土粒，用孔径粗细不同的筛相继筛分经分散处理的土样悬液，可得到不同粒径的土粒数量。根据标准筛的情况，筛孔＞0.6mm 允许 5％的筛孔偏离规定值，筛孔孔径在 0.6～0.125mm 为 7.5％，筛孔孔径＜0.125mm 则可高达 10％。所以，常规粒径分析应该只对＞0.25mm 的土粒进行筛分，但由于＞0.1mm 的颗粒在水中沉降速度太快，用吸管吸取悬液常常得不到好的结果，因此筛分范围可放宽到 0.1mm，即对＞0.1mm 的土粒进行筛分。

1. 吸管法

先将土壤团聚体分散为大小不同的土粒，粒径大于 0.25mm 的土粒用一定孔径的筛子，将其一级一级进行筛分。对于粒径小于 0.25mm 的土粒，筛分就有困难，而且不精确。因此，必须把土粒充分分散，然后采用静水沉降法——让其在一定容积的水溶液中自由沉降,加以测定分级。

根据斯托克斯定律,可以计算出某一粒径的土壤颗粒沉降至某一深度所需要的时间,基于上述时间,用吸管在该深度吸取一定体积的悬液(该悬液中所含土壤颗粒的直径必然都不大于计算所确定的粒级直径),将吸出的悬液烘干、称重、计算所占质量分数。其他各级粒径依次进行同样的步骤,可计算出各自所占质量分数。根据算计算出的土壤中各级粒径的土壤颗粒的质量分数,就可确定土壤的机械组成,进而进行土壤质地命名。

2.比重计法

与"吸管法"一样,对于粒径大于 0.25mm 的土粒用筛一级一级筛分。而粒径小于 0.25mm 的土粒采用静水沉降法加以测定分级。

根据斯托克斯定律,球体微粒在悬液中自由沉降时,直径越大的下降速度越快。把不同直径的土壤颗粒看作是球体,在不同时间,利用特种土壤比重计(鲍氏比重计)测定土壤悬液的比重。比重计的读数就是它所处有效深度悬液每升中的土壤颗粒含量,即土壤比重计的读数能够告诉我们每升悬液所含的土粒的质量,而这部分土粒的半径,可以根据斯托克斯定律求出。

比重计速测法快速简便,但是精确度不及吸管(称重)法和常用的比重计法,但是仍不失为一种快速简便的测定方法而被广泛采用。

利用沉降法进行粒径分析,应注意以下几点假设:

(1)颗粒是坚固的球体且表面光滑;

(2)所有颗粒密度相同;

(3)颗粒直径应大到不受流体(水)布朗运动的影响;

(4)供沉降分析的悬液必须稀释到颗粒沉降互不干扰,即每一个颗粒的沉降都不受相邻颗粒的影响;

(5)环绕颗粒的流体(水)保持层流运动,没有颗粒的过快沉降引起流体的紊流运动。

以上几点,除(3)、(4)可以大致满足外,(5)很难完全保证,(1)、(2)两条根本无法满足。细土粒不是球形的(大多为扁平状),表面也不光滑,其密度也不相同,只有大多硅酸盐的密度在 2.6～2.7 之间,其他重矿物和氧化铁的密度可达到 5.0g/cm^3 或更高,所以粒径分析只能给出近似的结果。

二、主要仪器及试剂

1.主要仪器

特种土壤比重计,电动搅拌器(4000 r·min^{-1} 以上),定时器,1000mL 沉降筒,500mL 三角瓶,500mL 烧杯,0.25mm 土壤筛,天平,温度计,带孔搅拌棒,橡头玻棒,研钵,洗瓶等。

2.试剂

(1)0.5mol·L^{-1} NaOH 溶液:称取 20.0g 氢氧化钠(NaOH,分析纯),加水溶解,定容至 1000mL,摇匀(用于酸性土)。

(2)0.25mol·L^{-1} Na$_2$C$_2$O$_4$ 溶液:称取 33.5g 草酸钠(Na$_2$C$_2$O$_4$,分析纯),加水溶解,定容至 1000mL,摇匀(用于中性土)。

(3)0.5mol·L^{-1} (NaPO$_3$)$_6$ 溶液:称取 51.0g 六偏磷酸钠[(NaPO$_3$)$_6$,分析纯],加水溶解,定容至 1000mL,摇匀(用于石灰性土)。

（4）消泡剂：戊醇。

三、实验步骤

无论是吸管法还是比重计法，土粒的粒径分析大致分为分散、筛分和沉降3个步骤。

1. 称样

称取通过1mm土壤筛的风干土样50g，用以制备悬液；另外称取10g置于铝盒内，在烘箱中105℃烘干至恒质量，冷却称质量，计算含水量和烘干土质量。

2. 悬液制备

根据土样的酸碱性，分别选取分散剂（石灰性土壤加0.5mol·L^{-1}（NaPO$_3$）$_6$溶液60mL；酸性土壤加0.5mol·L^{-1} NaOH溶液40mL；中性土加0.25mol·L^{-1} Na$_2$C$_2$O$_4$溶液20mL）进行分散。分散方法可选煮沸法、搅拌器搅拌法或研磨法。

煮沸法是将分散剂加入盛有样品的500mL三角瓶中，加入蒸馏水至约250mL，盖上小漏斗摇匀后振荡2h，然后加热煮沸，并保持沸腾1h。

搅拌器搅拌法是将分散剂加入盛有样品的500mL烧杯，加入蒸馏水至约250mL，混合均匀后，用电动搅拌器搅拌10～15min。

研磨法是将称好的土样置于研钵中，加部分分散剂之呈稠糊状，静置半小时，使分散剂充分作用。再用橡头玻棒研磨，使之分散完全（研磨时间：黏质土壤不少于20min，壤质土壤及砂质土壤不少于15min），然后加入剩余的分散剂，搅匀。

将直径0.25mm的土壤筛放在漏斗上，将分散处理好的样品通过筛子，转移进入1000mL沉降筒，同时用蒸馏水冲洗筛子上的土壤颗粒，使＜0.25mm的土粒全部进入沉降筒。将留在筛子上的≥0.25mm的砂粒全部移入铝盒，烘干后将粗砂粒（0.25～1mm）称重，计算其质量分数。

3. 悬液比重的测定

将沉降筒定容至1000mL，用带孔搅拌棒在沉降筒内上下搅拌约1min（上下大约各30次），使悬液均匀分散。搅拌后如发生气泡，应滴加戊醇消泡。然后将比重计轻轻地、垂直放入悬液，分别在0.5，1，2min时读数，同时测定悬液温度（准确至0.5℃），并记录。然后将比重计取出，放于盛有蒸馏水的沉降筒中轻轻转动，洗去黏附于比重计上的土粒，以备下次使用。

用带孔搅拌棒再次搅拌悬液1min（同上），放入比重计，分别在4，8，15，30min以及1，2，4，8，24，48h等规定时间读取比重计读数（中间不需要再搅拌）。

每次读数后，均须将比重计轻轻取出，并放于盛有蒸馏水的沉降筒中备用，并测定悬液温度。

四、结果计算

1. 土壤含水量

$$土壤含水量/\% = \frac{风干土质量/g - 烘干土质量/g}{烘干土质量/g} \times 100$$

2. 0.25～1mm粗砂粒的质量分数

$$质量分数/\% = \frac{0.25\,mm筛过滤得烘干后称质量/g}{烘干土质量/g} \times 100$$

3. 小于 0.25mm 各级颗粒的质量分数

$$质量分数/\% = \frac{比重计读数 + 比重计刻度弯面校正值 + 温度校正值 - 分散剂校正值}{烘干土质量/g} \times 100$$

4. 读数校正

比重计刻度弯面校正值:根据比重计出厂附带说明书中的参数进行矫正。

温度校正值:比重计读数以 20℃ 为准,悬液温度每高 1℃,比重计读数增加 0.3;悬液温度每低 1℃,比重计读数减去 0.3。

$$分散剂校正值/(g \cdot L^{-1}) = 加入分散剂的体积 /mL \times 分散剂的浓度/(mol \cdot L^{-1}) \times$$
$$分散剂的摩尔质量 \times 10^{-3}$$

五、测定结果

根据实验结果,计算各级颗粒的质量分数,判断实验土壤样品的质地类型。

国际制土壤质地分类标准要点:①砂土及壤土类以黏粒含量在 15% 以下为其主要标准;黏壤土类以黏粒含量在 15%~25% 为其主要标准;黏土类以含黏粒 25% 以上为其主要指标。②当土壤粉砂粒含量达 45% 以上时,在各类质地的名称前,冠以"粉砂(质)"字样。③当砂粒含量为 55%~85% 时,则冠以"砂(质)"字样;85%~90%,称为"壤质砂土",90% 以上者称"砂土"(表 2-8)。

表 2-8　国际制土壤质地分类标准

质地名称		颗粒组成/%		
		黏粒 (<0.002mm)	粉粒 (0.02~0.002mm)	砂粒 (2~0.02mm)
砂土	砂土及壤质砂土	0~15	0~15	85~100
壤土	砂质壤土	0~15	0~45	55~85
	壤土	0~15	30~45	40~55
	粉砂质壤土	0~15	45~100	0~55
黏壤土	砂质黏壤土	15~25	0~30	55~85
	黏壤土	15~25	20~45	30~55
	粉砂质黏壤土	15~25	45~85	0~40
黏土	砂质黏土	25~45	0~20	55~75
	壤质黏土	25~45	0~45	10~55
	粉砂质黏土	25~45	45~75	0~30
	黏土	45~65	0~35	0~55
	重黏土	65~100	0~35	

卡钦斯基制主要根据物理性黏粒含量,划分大的质地类型,见表 2-9。

表 2-9　卡钦斯基制土壤质地分类标准

物理性黏粒	0～5%	5%～10%	10%～20%	20%～30%	30%～45%	45%～60%	60%～75%	75%～85%	>85%
质地类型	松砂土	紧砂土	砂壤土	轻壤土	中壤土	重壤土	轻黏土	中黏土	重黏土

六、注意事项

1. 对于有机质含量高的土壤样品，在加入分散剂前应用 6% 过氧化氢溶液反复处理，氧化去除有机质，最后加热去除残余过氧化氢。

2. 如土壤样品中含有较多的可溶性盐和碳酸钙、镁，应先用 $0.2mol \cdot L^{-1}$ HCl 反复淋洗，直至无钙离子反应为止。再用蒸馏水反复淋洗，至无氯离子为止。需要注意的是，需要计算盐酸洗失量。

3. 用带孔搅拌棒搅拌沉降筒中的悬液时，动作要平稳，速度要均匀，向下要触及沉降筒底部，使土粒全部悬浮；向上时不能露出液面，一般距液面 3～5cm，否则会使空气压入悬液，影响土粒开始时的沉降速度。

4. 比重计插入悬液时，应轻轻放入沉降筒中部，并略微扶住比重计的玻杆，使之不致上下左右晃动，直到基本稳定地悬浮在悬液中为止。

5. 每次读数前 15s，捏稳比重计上部玻杆轻轻放入悬液中，直至液面达到前一读数刻度处松开，使比重计自由稳定地悬浮于悬液之中。

附Ⅱ 吸管法

吸管法与比重计法一样,都是以司托克斯定律为基础,吸管法较精确,但是步骤较烦琐。

筛分的细土粒(<0.1mm)按其在介质中沉降的快慢区分为不同粒径的土粒,与在真空中沉降不受任何重力作用而呈现自由落体运动不同,颗粒在介质中沉降运动除重力作用外还受与重力方向相反的阻力作用,G. G. Stokes(1851)指出,阻力 F_r 应等于:

$$F_r = 6\pi r\eta\upsilon \tag{1}$$

式中:η——介质的黏滞度,$g \cdot cm^{-1} \cdot s^{-1}$;

$\quad r$——颗粒的半径,cm;

$\quad \upsilon$——颗粒在介质中的沉降速度,$cm \cdot s^{-1}$。

颗粒开始沉降,沉降速度随时间增大,摩擦力 F_r 也随之增加,当颗粒所受介质的阻力、浮力、重力达到平衡时,颗粒的沉降速度不再增加,以均速沉降,这时的沉降速度称为终端速度,颗粒所受重力 F_g 可由下式计算:

$$F_g = \frac{4}{3}\pi r^3 (\rho_s - \rho_f)g \tag{2}$$

式中:$\frac{4}{3}\pi r^3$——球体颗粒的体积;

$\quad \rho_s$——颗粒的密度,$g \cdot cm^{-3}$;

$\quad \rho_f$——介质的密度,$g \cdot cm^{-3}$;

$\quad g$——重力加速度,$981 cm \cdot s^{-2}$。

当 $F_r = F_g$ 时,$6\pi r\eta\upsilon = \frac{4}{3}\pi r^3 (\rho_s - \rho_f)g$ 得:

$$\nu_t = \frac{2r^2 (\rho_s - \rho_f)g}{9\eta} = \frac{d^2 (\rho_s - \rho_f)g}{18\eta} \tag{3}$$

假定沉降速度几乎在终端过程一开始即达到,则可计算一定直径颗粒沉降到深度 L(cm)所需时间 t(s):

$$t = \frac{18L\eta}{d^2 (\rho_s - \rho_f)g} \tag{4}$$

例:在 20℃时,直径 $d = 0.05$mm 的土壤颗粒,在水中沉降 25cm,求所需的时间 t。设:土壤颗粒的比重 $\rho_s = 2.65 g \cdot cm^{-3}$,水的比重 $\rho_f = 0.99823 g \cdot cm^{-3}$,重力加速度 $g = 981 cm \cdot s^{-2}$,水的黏滞系数 $\eta = 0.01005 g \cdot cm^{-1} \cdot s^{-1}$,代入公式(4)可得:

$$t = 112(s)$$

表 2-10　土壤颗粒取样深度分析各级土粒吸取时间

温度/℃	土粒直径/mm				
	<0.05		<0.01	<0.005	<0.001
	25cm	10cm	10cm	10cm	10cm
4	2′54″	1′10″	29′03″	1:56′10″	48:24′16″
5	2′50″	1′08″	28′09″	1:52′37″	46:55′19″
6	2′44″	1′06″	27′18″	1:49′12″	45:30′03″
7	2′39″	1′04″	26′28″	1:45′52″	44:06′39″
8	2′34″	1′02″	25′41″	1:42′45″	42:48′48″
9	2′30″	1′00″	24′57″	1:39′47″	41:34′40″
10	2′25″	58″	24′15″	1:36′58″	40:24′15″
11	2′21″	57″	23′33″	1:34′14″	39:15′40″
12	2′17″	55″	22′54″	1:31′38″	38:10′48″
13	2′14″	54″	22′18″	1:29′11″	37:09′38″
14	2′10″	52″	21′42″	1:26′49″	36:10′20″
15	2′07″	51″	21′08″	1:24′31″	35:12′52″
16	2′04″	49″	20′35″	1:22′22″	34:19′07″
17	2′00″	48″	20′04″	1:20′17″	33:27′14″
18	1′57″	47″	19′34″	1:18′17″	32:37′11″
19	1′55″	46″	19′05″	1:16′22″	31:49′00″
20	1′52″	45″	18′38″	1:14′30″	31:02′40″
21	1′49″	44″	18′11″	1:12′44″	30:18′11″
22	1′47″	43″	17′45″	1:11′01″	29:35′22″
23	1′44″	42″	17′21″	1:09′23″	28:54′24″
24	1′42″	41″	16′57″	1:07′46″	28:14′22″
25	1′39″	40″	16′34″	1:06′15″	27:36′23″
26	1′37″	39″	16′12″	1:04′46″	26:59′19″
27	1′35″	38″	15′50″	1:03′21″	26:23′44″
28	1′33″	37″	15′30″	1:01′59″	25:49′26″
29	1′31″	36″	15′10″	1:0′39″	25:16′05″
30	1′29″	36″	14′50″	59′22″	24:44′01″

注:土粒比重＝2.65g·cm^{-3};以(a:b′c″)表示(a 小时 b 分钟 c 秒)。

表 2-11　不同温度下水的黏滞系数 (η)

温度/℃	$\eta/$ (g·cm^{-1}·s^{-1})	温度/℃	$\eta/$ (g·cm^{-1}·s^{-1})	温度/℃	$\eta/$ (g·cm^{-1}·s^{-1})
4	0.01567	13	0.01203	22	0.009579
5	0.01519	14	0.01171	23	0.009358
6	0.01473	15	0.01140	24	0.009142
7	0.01428	16	0.01111	25	0.008937
8	0.01386	17	0.01083	26	0.008737
9	0.01346	18	0.01056	27	0.008545
10	0.01308	19	0.01030	28	0.008360
11	0.01271	20	0.01005	29	0.008180
12	0.01236	21	0.009810	30	0.008007

表2-12 水的比重表

g · cm^{-3}

温度/℃	0.0	0.1	0.2	0.3	0.4	0.5	0.6	0.7	0.8	0.9
0.0	0.9998679	0.9999649	0.9998811	0.9998874	0.9998935	0.9998995	0.9999053	0.9999109	0.9999163	0.9999216
1.0	0.9999267	0.9999248	0.9999363	0.9999408	0.9999452	0.9999494	0.9999535	0.9999573	0.9999610	0.9999645
2.0	0.9999679	0.9998701	0.9999741	0.9999769	0.9999796	0.9999821	0.9999844	0.9999866	0.9999887	0.9999905
3.0	0.9999922	0.9999013	0.9999951	0.9999962	0.9999973	0.9999981	0.9999988	0.9999994	0.9999998	1.0000000
4.0	1.0000000	0.9997189	0.9999996	0.9999992	0.9999986	0.9999979	0.9999970	0.9999960	0.9999947	0.9999934
5.0	0.9999919	0.9996225	0.9999883	0.9999864	0.9999842	0.9999819	0.9999795	0.9999769	0.9999741	0.9999712
6.0	0.9999681	0.9995132	0.9999616	0.9999581	0.9999544	0.9999506	0.9999467	0.9999426	0.9999384	0.9999340
7.0	0.9999295	0.9993913	0.9999200	0.9999150	0.9999099	0.9999046	0.9998992	0.9998936	0.9998879	0.9998821
8.0	0.9998762	0.9992572	0.9998638	0.9998574	0.9998509	0.9998442	0.9998374	0.9998305	0.9998234	0.9998162
9.0	0.9998088	0.9991113	0.9997936	0.9997859	0.9997780	0.9997699	0.9997617	0.9997534	0.9997450	0.9997364
10.0	0.9997277	0.9989538	0.9997099	0.9997008	0.9996915	0.9996820	0.9996724	0.9996627	0.9996529	0.9996428
11.0	0.9996328	0.9987848	0.9996121	0.9996017	0.9995911	0.9995803	0.9995694	0.9995585	0.9995473	0.9995361
12.0	0.9995247	0.9986046	0.9995016	0.9994898	0.9994780	0.9994660	0.9994538	0.9994415	0.9994291	0.9994166
13.0	0.9994040	0.9984136	0.9993784	0.9993655	0.9993524	0.9993391	0.9993258	0.9993123	0.9992987	0.9992850
14.0	0.9992712	0.9982117	0.9992432	0.9992290	0.9992147	0.9992003	0.9991858	0.9991711	0.9991564	0.9991415
15.0	0.9991265	0.9979993	0.9990961	0.9990808	0.9990653	0.9990497	0.9990340	0.9990182	0.9990023	0.9989862
16.0	0.9989701	0.9977765	0.9989374	0.9989209	0.9989043	0.9988876	0.9988707	0.9988538	0.9988367	0.9988195
17.0	0.9988022	0.9975437	0.9987673	0.9987497	0.9987319	0.9987141	0.9986961	0.9986781	0.9986599	0.9986416
18.0	0.9986232	0.9973009	0.9985861	0.9985673	0.9985485	0.9985295	0.9985105	0.9984913	0.9984720	0.9984526
19.0	0.9984331	0.9970482	0.9983938	0.9983740	0.9983541	0.9983341	0.9983140	0.9982937	0.9982733	0.9982529
20.0	0.9982623	0.9967861	0.9981909	0.9981701	0.9981490	0.9981280	0.9981068	0.9980855	0.9980641	0.9980426

续表

温度/℃	0.0	0.1	0.2	0.3	0.4	0.5	0.6	0.7	0.8	0.9
21.0	0.9980210	0.9965146	0.9979775	0.9979556	0.9979335	0.9979114	0.9978892	0.9978669	0.9978444	0.9978219
22.0	0.9977993	0.9962338	0.9977537	0.9977308	0.9977077	0.9976846	0.9976613	0.9976380	0.9976145	0.9975910
23.0	0.9975674	0.9959440	0.9975198	0.9974959	0.9974718	0.9974477	0.9974435	0.9973991	0.9973747	0.9973502
24.0	0.9973256	0.9956454	0.9972760	0.9972511	0.9972261	0.9972010	0.9971758	0.9971505	0.9971250	0.9970995
25.0	0.9970739	0.9953380	0.9970225	0.9969966	0.9969706	0.9969445	0.9969184	0.9968921	0.9968657	0.9968398
26.0	0.9968128	0.9950222	0.9967594	0.9967326	0.9967057	0.9966786	0.9966515	0.9966243	0.9965970	0.9965696
27.0	0.9965421	0.9946980	0.9964869	0.9964591	0.9964313	0.9964033	0.9963753	0.9963472	0.9963190	0.9962907
28.0	0.9962623	0.9943655	0.9962052	0.9961766	0.9961478	0.9961190	0.9960901	0.9960610	0.9960319	0.9960027
29.0	0.9959735	0.9940251	0.9959146	0.9958850	0.9958554	0.9958257	0.9957958	0.9957659	0.9957359	0.9957059
30.0	0.9956756	0.9936767	0.9956151	0.9955846	0.9955541	0.9955235	0.9954928	0.9954620	0.9954312	0.9954002
31.0	0.9953692	0.9933206	0.9953068	0.9952755	0.9952442	0.9952127	0.9951812	0.9951495	0.9951178	0.9950861
32.0	0.9950542	0.9929568	0.9949901	0.9949580	0.9949258	0.9948935	0.9948612	0.9948286	0.9947961	0.9947635
33.0	0.9947308	0.9925857	0.9946651	0.9946321	0.9945991	0.9945660	0.9945328	0.9944995	0.9944661	0.9944327
34.0	0.9943991	0.9999649	0.9943319	0.9942981	0.9942643	0.9942303	0.9941963	0.9941622	0.9941280	0.9940938
35.0	0.9940594	0.9999248	0.9949906	0.9939560	0.9939214	0.9938867	0.9938518	0.9938170	0.9937820	0.9937470
36.0	0.9937119	0.9998701	0.9936414	0.9936061	0.9935707	0.9935351	0.9934996	0.9934639	0.9934282	0.9933924
37.0	0.9933565	0.9998013	0.9932846	0.9932484	0.9932123	0.9931760	0.9931397	0.9931032	0.9930668	0.9930302
38.0	0.9929936	0.9997189	0.9929201	0.9928833	0.9928463	0.9928093	0.9927722	0.9927351	0.9926978	0.9926605
39.0	0.9926232	0.9996225	0.9925482	0.9925106	0.9924730	0.9924352	0.9923974	0.9923595	0.9923216	0.9922836
40.0	0.9922455									

具体测定各级细土粒的方法,可根据 Stokes 定律,按公式(4)计算某一粒径的土粒沉降到深度 L(一般取 10cm)所需时间。在测定前用特制的搅拌棒均匀地搅拌颗粒悬液,在沉降一开始记时,按公式(4)计算的沉降时间用移液管在深度 L 处缓慢吸取一定容量的悬液,烘干称重,由此可计算小于某一相应粒径土粒的累积量。两次测定的累积量相减可得某一粒径范围的土粒量。

一、操作步骤

1. 样品处理

称取通过 2mm 筛孔的 10g(精确至 0.001g)风干土样 3 份,其中一份测定洗失量(指需要去除有机质或碳酸盐的样品),另外两份作制备颗粒分析悬液用。同时测定吸湿水。

(1)去除有机质

对于含大量有机质又需去除的样品,则用过氧化氢去除有机质。将上述三份样品,分别移入 250mL 高型烧杯中,加蒸馏水约 20mL,使样品湿润,然后加 6% 的过氧化氢(H_2O_2),其用量(20~50mL)视有机质多少而定,并经常用玻璃棒搅拌,使有机质和过氧化氢接触,以利氧化。当过氧化氢强烈氧化有机质时,发生大量气泡,会使样品溢出容器,需滴加异戊醇消泡,避免样品损失。当剧烈反应结束后,若土色变淡即表示有机物已基本上完全分解,若发现未完全分解,可追加 H_2O_2。剧烈反应后,在水浴锅上加热 2h 去除多余的 H_2O_2。

之后,取其中一份样品洗入已知质量的小烧杯(精确至 0.001g)中,放在电热板上蒸干后再放入烘箱,在 105~110℃下烘干 6h,取出置于干燥器内冷却、称重,计算洗失量。

(2)制备悬液

取上述处理后的另两份样品,分别洗入 500mL 三角瓶中,(根据土壤 pH 值)加入 0.5mol·L^{-1}氢氧化钠溶液 10mL,并加蒸馏水至 250mL,充分摇匀,盖上小漏斗,于电热板上煮沸。煮沸过程中需经常摇动三角瓶,以防土粒沉积瓶底成硬块。煮沸后需保持 1h,使样品充分分散。

2. 筛分法测定大于 0.25mm 土壤颗粒

对于大于 0.25mm 粒级土壤颗粒用筛分法测定,小于 0.25mm 的土壤颗粒颗粒用静水沉降法测定。

在 1000mL 量筒上放一大漏斗,将孔径 0.25mm 洗筛放在大漏斗内。待悬浮液冷却后,充分摇动锥形瓶中的悬浮液,通过 0.25mm 洗筛,用水洗入量筒中。留在锥形瓶内的土粒,用水全部洗入洗筛内,洗筛内的土粒用橡皮头玻璃棒轻轻地洗擦和用水冲洗,直到滤下的水不再混浊为止。同时应注意勿使量筒内的悬浮液体积超过 1000mL,最后将量筒内的悬浮液用水加至 1000mL。

将盛有悬浮液的 1000mL 量筒放在温度变化较小的平稳试验台上,避免振动,避免阳光直接照射。

将留在洗筛内的砂粒洗入已知质量的 50mL 烧杯(精确至 0.001g)中,烧杯置于低温电热板上蒸去大部分水分,然后放入烘箱中,于 105℃烘 6h,再在干燥器中冷却后称至恒量(精确至 0.001g)。将 0.25mm 以上的砂粒,通过 1mm 和 0.5mm 的土壤筛,并将分级出砂粒分别放入烘箱中,在 105℃烘干 2h,再在干燥器中冷却后称至恒量(精确至 0.001g)。

同时取温度计悬挂在盛有 1000mL 水的 1000mL 量筒中,并将量筒与待测悬浮液量筒放在一起,记录水温(℃),即代表悬浮液的温度。

3. 样品悬液吸取

测定悬液温度后,计算各粒级在水中沉降 10cm 所需的时间,即为吸液时间。

记录开始沉降时间和各级吸液时间。用搅拌棒搅拌悬液 1min(一般速度为上下各 30 次),搅拌结束时即为开始沉降时间,在吸液前就将吸管放于规定深度处,再按所需粒径预先计算好的吸液时间,提前 5 秒开始吸取悬液 25mL。吸取 25mL 约需 10 秒。速度不可太快,以免影响颗粒沉降规律。将吸取的悬液移入有编号的已知质量的 50mL 烧杯中,并用蒸馏水洗尽吸管内壁附着的土粒。

将盛有悬液的小烧杯放在电热板上蒸干,然后放入烘箱,在 105~110℃烘 6h 至恒重,取出置于真空干燥器内,冷却后称重。

二、计算结果

1. 小于某粒径颗粒含量质量分数的计算

$$x(\%) = \frac{g_v}{g} \times \frac{1000}{V} \times 100$$

式中:x——小于某粒径颗粒含量百分数,%;

g_v——吸取的 25mL 悬液中小于某粒径颗粒质量,g;

g——样品的烘干质量,g;

V——吸管容积,mL。

2. 分散剂质量校正

加入的分散剂在计算时必须予以校正。各粒级含量(%)是由小于某粒级含量(%)依次相减而得。由于小于某粒级含量中都包含着等量的分散剂,实际上在依次相减时已将分散剂量扣除,分散剂量(%)只需在最后一级黏粒含量(%)中减去。分散剂占烘干土质量按下式计算:

$$A(\%) = \frac{c \times V \times 分散剂分子的摩尔质量}{m} \times 100$$

式中:A——分散剂占烘干土质量,%;

c——分散剂溶液的浓度,mol·L^{-1};

V——加入分散剂溶液体积,mL;

m——烘干土质量,g。

如果使用氢氧化钠作分散剂,其摩尔质量为 0.04g·mmol^{-1};使用六偏磷酸钠作分散剂,则其摩尔质量为 0.102g·mmol^{-1};使用草酸钠分散剂,则其摩尔质量为 0.067g·mmol^{-1}。计算时注意适当选择。

三、允许差

样品进行两份平行测定,取其算术平均值,保留一位小数。两份平行测定结果允许差为黏粒级<1%,粉(砂)粒级<2%。

附Ⅲ 土壤质地指测法

　　为了在野外迅速测定土壤质地,可采用指测法,即凭手指与土粒接触的感觉,以及土壤在干、湿状况下表现的黏结性和塑性,来约略地估测土壤质地。指测法必须经过反复训练,方能达到相当熟练和准确的程度。指测法简单易行,熟练后也较为准确,适用于田间土壤质地的鉴别。

　　取一小块待测土样,放在拇指与食指间揉搓使之破碎,并摩擦、体会其感觉。然后另取直径 2cm 左右的土块,除去石砾、植物根系等,放在手中捏碎,加适量水,揉搓成直径约1.5cm 的土团,根据手指与碎土摩擦中的感觉,能否搓成片、团、条,以及弯曲时断裂等情况对土壤质地进行判断(表 2-13)。

表 2-13　我国土壤质地分类指测法判断标准

质地名称	土壤干燥时的状态	用手指捻磨土壤时的感觉	用手搓成直径约 1.5cm 土团时的状态	用手指捻成薄片时的状态	用放大镜或肉眼直接观察的形态
砂土	成散粒	有含沙砾的感觉	不能搓成土团	不能捏成薄片	主要为砂粒
粗砂土	成散粒	很粗糙	不能搓成土团	不能捏成薄片	基本为砂粒
细砂土	成散粒	粗糙	不能搓成土团	不能捏成薄片	主要为砂粒
面砂土	成散粒	较粗糙	不能搓成土团	不能捏成薄片	砂粒细而均匀
壤土	土块较松散	有细滑、均质感	土团松而不光滑	薄片短,不光滑	主要为粉粒
砂粉土	土块松散	有细滑、含砂感	土团松而不光滑	薄片短,不光滑	主要为粉粒,有砂粒
粉土	土块松散	感觉细滑如面粉	土团松而不光滑	薄片短,不光滑	主要为粉粒,砂粒较少
粉壤土	稍用力可弄碎土块	有细滑、均质感	土团较松而不光滑	薄片短,不光滑	有粉粒,也有砂粒
黏壤土	稍用力可弄碎土块	有细滑、微黏感	土团较松而不光滑	薄片短,不光滑	有粉粒,砂粒较少
砂壤土	稍用力可弄碎土块	有砂而黏的感觉	土团较松而不光滑	薄片短,不光滑	有砂粒及黏粒
黏土	形成坚硬的土块	有细而黏的感觉	土团紧而光滑	薄片长,光滑	主要为黏粒
粉黏土	土块较坚硬	较细而黏的感觉	土团较紧,光滑	薄片较长,边缘微裂	主要为黏粒,还有粉粒

续表

质地名称	土壤干燥时的状态	用手指捻磨土壤时的感觉	用手搓成直径约1.5cm土团时的状态	用手指捻成薄片时的状态	用放大镜或肉眼直接观察的形态
壤黏土	土块坚硬	细而黏的感觉	土团紧,光滑	薄片长,边缘有裂痕	主要为黏粒,粉粒较少
黏土	土块很坚硬,用工具才能打碎	很细而黏的感觉	土团很紧,很光滑	薄片很长,很光滑,边缘无裂痕	主要为黏粒

此外,还可用湿土"搓条法"(表2-14)估测土壤质地(卡钦斯基土壤质地分类制)。搓土条时,用水量要适当,土壤与谁要调匀、捏透。这个标准对红壤(含高岭石和铁、铝氧化物特别多的土壤)不很适合,因为红壤的黏粒矿物中 SiO_2/R_2O_3 比值低,塑性不强。因此,从成型性所反映的质地级别,要向黏的方向提升一些,才接近实际情况。

表 2-14 "搓条法"估测土壤质地

质地名称	成型性*	成型图
砂土	土样松散,不能搓成小片	
砂壤土	不能搓成土条,得到零散小片	
轻壤土	搓成土条后,分裂成小片	
中壤土	能搓成完整土条,但在弯成小圈时断裂	
重壤土	能搓成完整土条,并可弯成小圈,但小圈有裂缝	
黏土	能搓成完整土条,并可弯成小圈而无裂缝	

*:土条直径约3毫米,小圈直径约3厘米。

实验五　土壤腐殖质的分离、观察

　　土壤有机质是土壤固相的组成部分,虽然它的数量远比矿物质少,但在肥力上的作用并不次于矿物质。土壤有机质的数量和种类,是土壤生态系统和土壤肥力水平的反映。对自然土壤来说,有机质的积累和分解是生物小循环的集中表现;而耕作土壤的有机质含量则与耕作施肥水平有关。表土层的有机质含量一般不过 1%～5%(唯有东北的黑土可达 15%),但它却是重要的养分来源(尤其是氮、磷),并且对土壤理化性质、微生物活动和各肥力因素都有深刻影响。因此,一般情况下,有机质含量可以作为土壤肥力高低的指标,而提高土壤有机质含量则是培肥土壤的一项重要任务。重视施用有机肥、种植绿肥,以增加土壤有机质含量,提高土壤肥力,是我国劳动人民千年来的一条重要经验。

　　土壤有机质种类很多,大致可分为两大类。第一类是非腐殖质,主要是高等植物、动物和微生物的成分,包括蛋白质、糖类、有机酸、蜡质、树脂等;第二类是腐殖质,它是有机残体被微生物分解后的一部分中间产物或微生物代谢产物再经聚合形成的复杂高分子含氮有机物的混合物。有学者认为,腐殖质占土壤有机质的 10%～15%。腐殖质性质非常稳定,不易分解,在土壤肥力上有重大作用。

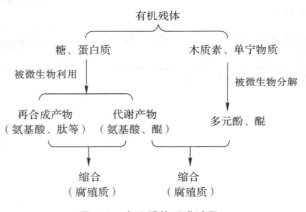

图 2-5　腐殖质的形成过程

　　腐殖质是一类复杂的高分子化合物,它包括一系列元素组成、分子结构和性质有差异的化合物。通常将它们分为腐植酸和胡敏素(亦称做"黑腐素")两大类,腐植酸包括胡敏酸(亦称做"褐腐酸")和富里酸(亦称做"黄腐酸"),胡敏素或者是难以被酸、碱溶解的胡敏酸或富里酸,或者是非腐殖质物质。

一、方法原理

土壤腐殖质同矿物质部分相当紧密地结合着,要对它们进行研究往往先要将它们分离出来。分离腐殖质各组分的方法,一般是根据它们对不同溶剂的溶解度关系进行的,其分离程序如下:

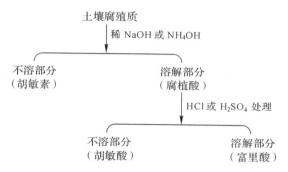

图 2-6　腐殖质的分离程序

腐殖质的组成元素主要是碳、氢、氧、氮、磷、硫等元素,还有少量的其他灰分元素,如钙、镁、铁、硅等。不过,各种土壤中腐殖质的元素组成并不完全相同,有的甚至相差极大。在我国各类土壤的胡敏酸中,一般碳含量为 $49\% \sim 60\%$,氢含量为 $3.1\% \sim 7.0\%$,氧与硫合计 $31\% \sim 41\%$,氮 $2.8\% \sim 3.5\%$;富里酸碳含量为 $43\% \sim 53\%$,氢含量为 $4.0\% \sim 5.8\%$,氧与硫合计 $40\% \sim 50\%$,氮 $1.6\% \sim 4.3\%$。一般而言,胡敏酸的碳、氮含量高于富里酸,而氧和硫元素则相反。

腐植酸(胡敏酸和富里酸)的结构复杂,均为高分子聚合物,其单体中有芳核,芳核上有多种取代基以及脂肪族侧链。腐植酸的分子质量不仅因土壤种类不同而异,而且同一组分也很不均一。根据不同方法测出的分子质量平均值,胡敏酸的分子质量大于富里酸,但是研究报道的数值也不尽相同。例如,根据南京土壤研究所的研究报道,我国黑土和砖红壤胡敏酸的分子质量平均为 2550 及 2200,国外有关研究报道腐殖物质的分子质量在 $2000 \sim 40000$ 范围内。从电子显微镜照片或其黏性特征推断都表明,腐植酸分子外形呈球状或棒状,内部有很多交联结构,因此结构并不紧密,其表面层更为疏松,整个分子表现为非晶质特征。

腐殖质是一种亲水胶体,当它与液态水接触时的吸水量可超过 500%,对水汽的吸湿量可达本身质量的一倍以上。胡敏酸本身不溶于水,它的钾、钠、铵等一价盐则溶于水,而钙、镁、铁、铝等多价离子盐类的溶解度大大降低;胡敏酸及其盐类通常呈棕色至黑色。富里酸有相当大的水溶性,且呈溶胶状态,强酸性,其一价及二价金属离子盐均溶于水;富里酸能与铁、铜、锌、铝等形成络合物,在中性和碱性条件下则产生沉淀。

二、主要仪器及试剂

1. 主要仪器

三角瓶,漏斗,玻璃搅拌棒,滤纸,试管,移液管,分析天平(0.1g 感量),振荡器,离心机等。

2.试剂

0.1mol·L^{-1} NaOH 溶液:称取 4.0g 氢氧化钠(NaOH,分析纯),加蒸馏水溶解,定容至 1000mL。

0.5mol·L^{-1} Na$_2$SO$_4$ 溶液:称取 72.0g 硫酸钠(Na$_2$SO$_4$,分析纯),加蒸馏水溶解,定容至 1000mL。

0.5mol·L^{-1} H$_2$SO$_4$ 溶液:移取约 27.2mL 浓硫酸(H$_2$SO$_4$,分析纯),边搅拌边缓缓加入预先盛有约 700mL 蒸馏水的烧杯中,加完后,待冷却至室温,全部转入 1000mL 容量瓶中,定容。

0.1mol·L^{-1} H$_2$SO$_4$ 溶液:移取约 5.4mL 浓硫酸(H$_2$SO$_4$,分析纯),边搅拌边缓缓加入预先盛有约 500mL 蒸馏水的烧杯中,加完后,待冷却至室温,全部转入 1000mL 容量瓶中,定容。

1mol·L^{-1} NaCl 溶液:称取 29.0g 氯化钠(NaCl,分析纯),加蒸馏水溶解,定容至 500mL。

1/2mol·L^{-1} CaCl$_2$ 溶液:称取 36.7g 氯化钙(CaCl$_2$·2H$_2$O,分析纯),加蒸馏水溶解,定容至 500mL。

1/3mol·L^{-1} AlCl$_3$ 溶液:称取 40.2g 氯化铝(AlCl$_3$·6H$_2$O,分析纯),加蒸馏水溶解,定容至 500mL。

三、实验步骤

1.腐植酸的提取及性状观察

称取通过 1mm 筛的风干土样 4g,置于 50mL 三角瓶中,加入 0.1mol·L^{-1} NaOH 溶液 20mL,瓶口加塞放在振荡器上,振摇 5min。加入 0.5mol·L^{-1} Na$_2$SO$_4$ 溶液 20mL,继续振摇 2min。静置待分层后,将三角瓶内的浸渍物倒在有普通滤纸的漏斗上过滤,或者直接进行离心分离 3000r·min^{-1} 离心 5min,滤液或上清液置于洁净的三角瓶中备用。观察用稀碱液浸提得到的腐植酸溶液的颜色、状态。

2.富里酸及胡敏酸的提取及性状观察

用移液管移取上述滤液或上清液 8mL 于玻璃离心管中,加入 0.5mol·L^{-1} H$_2$SO$_4$ 溶液 1.5mL(使之呈酸性反应),摇匀后,观察有无沉淀反应。进行离心分离,观察沉淀物(胡敏酸)和清液(富里酸)的颜色、状态。

用移液管分别移取上述实验所得清液 2.0mL,置于三支洁净的小试管中,分别编号为①、②、③。弃去剩余的清液,保留沉淀物,加入 8mL 蒸馏水,摇匀,滴加 0.1mol·L^{-1} NaOH 溶液,使沉淀完全溶解。再分别移取 2.0mL 于三支洁净的小试管中,分别编号为④、⑤、⑥。在①、②、③试管中分别加入 1mol·L^{-1} NaCl 溶液、1/2mol·L^{-1} CaCl$_2$ 溶液、1/3mol·L^{-1} AlCl$_3$ 溶液各 2.0mL,充分摇匀,观察所发生的现象。④、⑤、⑥试管做同样的处理,并观察。

将①、②、③、④、⑤、⑥试管中的清液倾滗去,保留沉淀物,分别加蒸馏水 2.0mL,充分摇匀,静置几分钟,观察所发生的现象。

四、实验记录

实验过程中,认真观察实验现象,仔细记录(如表 2-15),并对腐殖质各组分盐类的颜色、溶解度等性状进行比较,思考其中的土壤化学机制。认真体会腐殖质及其盐类对土壤结构性的影响。

表 2-15　土壤腐殖质各组分的性状观察

不同处理		颜色和状态
加稀碱处理提取液		
碱提取液加酸处理	上清液	
	沉淀	
加 $1 mol \cdot L^{-1}$ NaCl 溶液	试管①	
	试管④	
加 $1/2 mol \cdot L^{-1}$ CaCl$_2$ 溶液	试管②	
	试管⑤	
加 $1/3 mol \cdot L^{-1}$ AlCl$_3$ 溶液	试管③	
	试管⑥	

实验六　土壤有机质的测定

　　土壤有机质是土壤中各种营养特别是氮、磷的重要来源。由于土壤有机质具有胶体特征，能吸附较多的阳离子，因而使土壤具有保肥力和缓冲性。它还能使土壤疏松和形成结构，从而可改善土壤的物理性状。同时，土壤有机质还是土壤微生物必不可少的碳源和能源。因此，除低洼地土壤外，一般来说，土壤有机质含量的多少，是土壤肥力高低的一个重要指标。

　　华北地区不同肥力等级的土壤有机质含量约为：高肥力地＞15.0g·kg⁻¹，中等肥力地10.0～14.0g·kg⁻¹，低肥力地5.0～10.0g·kg⁻¹，薄砂地＜5.0g·kg⁻¹。浙江省高产水稻土的有机质含量大部分为23.6～48g·kg⁻¹，均较其邻近的一般田高。上海郊区高产水稻土的有机质含量也在25.0～40g·kg⁻¹范围之内。我国东北地区雨水充足，有利于植物生长，而气温较低，有利于土壤有机质的积累。因此，东北的黑土有机质含量高达40～50g·kg⁻¹以上。由此向西北，雨水减少，植物生长量逐年减少，土壤有机质含量亦逐渐减少，如栗钙土为20～30g·kg⁻¹，棕钙土为20g·kg⁻¹左右，灰钙土只有10～20g·kg⁻¹。向南雨水多、温度高，虽然植物生长茂盛，但土壤中有机质的分解作用增强，黄壤和红壤有机质含量一般为20～30g·kg⁻¹。

　　对耕作土壤来讲，人为的耕作活动则起着更重要的影响。因此，在同一地区耕种土壤有机质含量比未耕种土壤要低得多。影响土壤有机质含量的另一重要因素是土壤质地，砂土有机质含量低于黏土。

　　土壤有机质的组成很复杂，包括三类物质：①分解很少，仍保持原来形态学特征的动植物残体。②动植物残体的半分解产物及微生物代谢产物。③有机质的分解和合成而形成的较稳定的高分子化合物——腐殖质类物质。

　　分析测定土壤有机质含量，实际包括了上述②、③两类及①类的部分有机物质，以此来说明土壤肥力特性是合适的。因为从土壤肥力角度来看，上述有机质三个组成部分，在土壤理化性质和肥力特性上，都起重要作用。但是，在土壤形成过程中，研究土壤腐殖质中碳氮比的变化时则需严格剔除未分解的有机物质。

　　大量资料分析结果表明，土壤有机质含量与土壤总氮量之间呈正相关（表2-16）。例如，浙江省对水稻255个样品统计分析，其相关系数$r=0.943$，达极显著水平。

表 2-16　耕地土壤全氮与土壤有机质含量[*]的比值

省（区）	有机质/(g·kg^{-1})	全氮/(g·kg^{-1})	（全氮/有机质）/%
河北	12.2	0.74	6.07
山西	10.7	0.68	6.34
河南	12.2	0.70	5.74
安徽	14.0	0.86	6.14
福建	15.9	0.79	4.97
新疆	13.9	0.79	5.68
广东	14.9	0.80	5.27

[*] 为全省（区）统计的平均值。摘自《中国土壤》1998 年，中国农业出版社，第 875 页。

总的看来，土壤有机质一般约含氮 5% 左右，故可以从有机质测定结果来估计土壤全氮的近似值：土壤全氮量(g·kg^{-1})＝土壤有机质(g·kg^{-1})×0.05(或 0.06)。

一、方法原理

关于土壤有机碳的测定，有关文献中介绍很多，根据目的要求和实验室条件可选用不同方法。

经典的测定方法有干烧法(高温电炉灼烧)或湿烧法(重铬酸钾氧化)，放出的 CO_2，一般用苏打石灰吸收称重，或用标准氢氧化钡溶液吸收，再用标准酸滴定。

用上述方法测定土壤有机碳时，也包括土壤中各元素态碳及无机碳酸盐。因此，在测定石灰性土壤有机碳时，必须先除去 $CaCO_3$。除去 $CaCO_3$ 的方法，可以在测定前用亚硫酸处理去除之，或另外测定无机碳和总碳的含量，从全碳结果中减去无机碳。

干烧法和湿烧法测定 CO_2 的方法均能使土壤有机碳全部分解，不受还原物质的影响，可获得准确的结果，可以作为标准方法校核时用。由于测定时须要一些特殊的仪器设备，而且很费时间，所以一般实验室都不用此法。

近年来高温电炉灼烧和气相色谱装置相结合制成碳氮自动分析仪，已应用于土壤分析中，但由于仪器的限制，所以未能被广泛采用。

目前，各国在土壤有机质研究领域中使用得比较普遍的是容量分析法。虽然各种容量法所用的氧化剂及其浓度或具体条件有差异，但其基本原理是相同的。使用最普遍的是在过量的硫酸存在下，用氧化剂重铬酸钾(或铬酸)氧化有机碳，剩余的氧化剂用标准硫酸亚铁溶液回滴，从消耗的氧化剂量来计算有机碳量。这种方法，土壤中的碳酸盐无干扰作用，而且方法操作简便、快速、适用于大量样品的分析。

采用这一方法进行测定时，有的直接利用浓硫酸和重铬酸钾(2∶1)溶液迅速混和时所产生的热(温度在 120℃ 左右)来氧化有机碳，称为稀释热法(水合热法)。也有用外加热(170~180℃)来促进有机质的氧化。前者操作方便，但对有机质的氧化程度较低，只有 77%，而且受室温变化的影响较大，而后者操作较麻烦，但有机碳的氧化较完全，可达 90%~95%，不受室温变化的影响。

此外，还可用比色法测定土壤有机质所还原的重铬酸钾的量来计算，即利用土壤溶液中重铬酸钾被还原后产生的绿色铬离子(Cr^{3+})或剩余的重铬酸钾橙色的变化，作为土壤有机碳的速测法。

以上方法主要是通过测定氧化剂的消耗量来计算出土壤有机碳的含量,所以土壤中存在的氯化物、亚铁及二氧化锰,它们在铬酸溶液中能发生氧化还原反应,导致有机碳的不正确结果。土壤中 Fe^{2+} 或 Cl^- 的存在将导致正误差,而活性的 MnO_2 存在将产生负误差。但大多数土壤中活性的 MnO_2 的量是很少的,因为仅新鲜沉淀的 MnO_2 将参加氧化还原反应,即使锰含量较高的土壤,存在的 MnO_2 中很少部分能与 $Cr_2O_7^{2-}$ 发生氧化还原作用,所以,对绝大多数土壤中 MnO_2 的干扰,不致产生严重的误差。

测定土壤有机质含量除上述方法外,还可用直接灼烧法,即在 $350\sim400℃$ 下灼烧,从灼烧后失去的重量计算有机质含量。灼烧失重,包括有机质和化合水的重量,因此本法主要用于砂性土壤。

经典的干烧法或湿烧法中,土壤中所有的有机碳均被氧化为 CO_2,为彻底氧化的方法。而外加热重铬酸盐法(即 Walkley and Black 方法),不能完全氧化土壤中的有机化合物,因此需要用一个校正系数去校正未反应的有机碳。不同研究者用 Walkley and Black 方法测定了一些表土,对其有机碳回收率进行校正(表 2-17,摘自 Methods of Soil Analysis Part 2,1982,p.567)。

表 2-17 不同表土有机碳未回收的校正系数

参考文献	土壤样本数	有机碳回收率/%		平均校正系数
		范围	平均数	
Dremner and Jenkinson(1960)	15	57~92	84	1.19
Kalembasa & Jenkinson(1973)	22	46~80	77	1.3
Orphanos(1973)	12	69~79	75	1.33
Richter et al(1973)	12	79~87	83	1.2
Nelson & Sommers(1975)	10	44~88	79	1.27

可以看出,Walkley and Black 的稀释热法(水合热法)有机碳回收率有很大变化(44%~92%),所以适合于各种土壤校正系数变化范围为 1.09~2.27。对各类土壤合适平均校正系数的变化范围为 1.19~1.33。因此,应用 1.3 校正系数(有机碳平均回收率为77%)在一定范围土壤上看来是最合适的,但应用于各类土壤将会带来误差。

本实验采用重铬酸钾容量法。其中,外加热法就是在外加热的条件下(油浴的温度为180℃,沸腾 5min),用一定浓度的重铬酸钾—硫酸溶液氧化土壤有机质(碳),剩余的重铬酸钾用硫酸亚铁来滴定,从所消耗的重铬酸钾量,计算有机碳的含量。本方法测得的结果,与干烧法对比,只能氧化 90% 的有机碳,因此将得的有机碳乘以校正系数,以计算有机碳量。在氧化滴定过程中化学反应如下:

$$2K_2Cr_2O_7 + 8H_2SO_4 + 3\,有机[C] \longrightarrow 2K_2SO_4 + 2Cr_2(SO_4)_3 + 3CO_2 + 8H_2O$$
$$K_2Cr_2O_7 + 6FeSO_4 \longrightarrow K_2SO_4 + Cr_2(SO_4)_3 + 3Fe_2(SO_4)_3 + 7H_2O$$

稀释热法是利用浓重铬酸钾迅速混合所产生的热来氧化有机质,以替代外加热法中的油浴加热,操作起来更加方便。由于产生的热量较低,对有机质的氧化程度较低,只有77%。其基本原理、主要步骤与外加热法相同。

在 $1mol \cdot L^{-1} H_2SO_4$ 溶液中用 Fe^{2+} 滴定 $Cr_2O_7^{2-}$ 时,其滴定曲线的突跃范围为 $1.22 \sim 0.85V$。主要使用的氧化还原指示剂有四种(表 2-18):二苯胺、二苯胺磺酸钠、2-羧基代二苯胺和邻菲罗啉。每种氧化还原指示剂都有自己的标准电位(E_0),邻菲罗啉、2-羧基代二苯胺这两种氧化还原指示剂的标准电位(E_0)正好落在滴定曲线突跃范围之内。因此,不需加磷酸而终点容易掌握,可得到准确的结果。

表 2-18 滴定中使用的氧化还原指示剂

指示剂	E_0	本身变色 [氧化]—[还原]	Fe^{2+} 滴定 $Cr_2O_7^{2-}$ 时的 变色[氧化]—[还原]	特 点
二苯胺	0.76V	深蓝→无色	深蓝→绿	须加 H_3PO_4;近终点须强烈摇动,较难掌握
二苯胺磺酸钠	0.85V	红色→无色	红紫→蓝紫→绿	须加 H_3PO_4;终点稍难掌握
2-羧基代二苯胺	1.08V	紫红→无色	棕→红紫→绿	不必加 H_3PO_4;终点易于掌握
邻菲罗啉	1.11V	淡蓝→红色	橙→灰绿→淡绿→砖红	不必加 H_3PO_4;终点易于掌握

以邻菲罗啉亚铁溶液(邻二氮菲亚铁)为指示剂,三个邻菲罗啉($C_2H_8N_2$)分子与一个亚铁离子络合,形成红色的邻菲罗啉亚铁络合物,遇强氧化剂,则变为淡蓝色的正铁络合物,其反应如下:

$$[(C_2H_8N_2)_3Fe]^{3+} + e \longleftrightarrow [(C_2H_8N_2)_3Fe]^{2+}$$
$$\text{淡蓝色} \qquad\qquad\qquad \text{红色}$$

滴定开始时以重铬酸钾的橙色为主,滴定过程中渐现 Cr^{3+} 的绿色,快到终点变为灰绿色,如标准亚铁溶液过量半滴,即变成红色,表示终点已到。

但是,使用邻菲罗啉的一个问题是,指示剂往往被某些悬浮土粒吸附,到终点时颜色变化不清楚,所以常常在滴定前将悬浊液在玻璃滤器上过滤。

二、主要仪器及试剂

1.主要仪器

硬质玻璃大试管,三角瓶,弯颈漏斗,分析天平(0.0001g 感量),油浴消化装置(包括油浴锅和铁丝笼),可调温电炉,秒表,自动控温调节器等。

2.试剂

(1)$K_2Cr_2O_7$ 标准溶液

① $0.8000mol \cdot L^{-1}$($1/6K_2Cr_2O_7$)标准溶液:准确称取经 130℃ 烘干 3h 的重铬酸钾($K_2Cr_2O_7$,分析纯)39.2245g 溶于水中,定容于 1000mL 容量瓶中;

② $1mol \cdot L^{-1}$($1/6K_2Cr_2O_7$)标准溶液:准确称取经 130℃ 烘干 3h 的重铬酸钾($K_2Cr_2O_7$,分析纯)49.04g 溶于水中,定容于 1000mL 容量瓶中。

(2)H_2SO_4:浓硫酸(H_2SO_4,分析纯)。

(3)$FeSO_4$ 溶液

① $0.2mol \cdot L^{-1} FeSO_4$ 溶液:称取硫酸亚铁($FeSO_4 \cdot 7H_2O$,分析纯)56.0g 溶于水中,加浓硫酸 5mL,稀释至 1000 mL。

② 0.5mol·L^{-1} FeSO$_4$ 溶液:称取硫酸亚铁(FeSO$_4$·7H$_2$O,分析纯)140g 溶于水中,加浓硫酸 15mL,稀释至 1000mL。

注:FeSO$_4$ 溶液的准确浓度需以 0.4mol·L^{-1}(1/6K$_2$Cr$_2$O$_7$)基准溶液标定。即分别准确吸取 3 份 0.4mol·L^{-1}(1/6K$_2$Cr$_2$O$_7$)基准溶液各 25mL 于 150mL 三角瓶中,分别移入 5mL 浓 H$_2$SO$_4$,摇匀,冷却。再加入 2～3 滴邻菲罗啉指示剂(或 12～15 滴 2-羧基代二苯胺),然后用 FeSO$_4$ 溶液滴定至终点,计算出 FeSO$_4$ 溶液的准确浓度。此溶液在空气中易被氧化,需要新鲜配制或使用前重新标定。

(4)指示剂

① 邻菲罗啉指示剂:称取 1.485g 邻菲罗啉(分析纯)、0.695g FeSO$_4$·7H$_2$O(分析纯),溶于 100mL 水中。

② 2-羧基代二苯胺(又名邻苯氨基苯甲酸,C$_{13}$H$_{11}$O$_2$N)指示剂:称取 0.25g 试剂于小研钵中研细,然后倒入 100mL 小烧杯中,加入 0.18mol·L^{-1} NaOH 溶液 12mL,并用少量水将研钵中残留的试剂冲洗入 100mL 小烧杯中,将烧杯放在水浴上加热使其溶解,冷却后稀释定容到 250mL,放置澄清或过滤,用其清液。

(5)Ag$_2$SO$_4$:硫酸银(Ag$_2$SO$_4$,分析纯),研成粉末。

(6)SiO$_2$:二氧化硅(SiO$_2$,分析纯),粉末状。

三、实验步骤

1. 外加热法

称取通过 0.149mm(100 目)筛孔的风干土样 0.1～1g(精确到 0.0001g),放入一干燥的硬质试管中,用移液管准确加入 0.8000mol·L^{-1}(1/6K$_2$Cr$_2$O$_7$)标准溶液 5mL(如果土壤中含有氯化物需先加入 0.1g Ag$_2$SO$_4$),加入 5mL 浓 H$_2$SO$_4$ 充分摇匀,管口盖上弯颈小漏斗,以冷凝蒸出之水汽。

将 8～10 个试管放入自动控温的铝块管座中(试管内的液温控制在约 170℃),或将 8～10 个试管盛于铁丝笼中(每笼中均有 1～2 个空白试管),放入温度为 185～190℃的液状石蜡锅中,要求放入后油浴锅温度下降至 170～180℃左右,之后必须控制电炉,使油浴锅内始终维持在 170～180℃。待试管内液体沸腾发生气泡时开始计时,煮沸 5min,取出试管(稍冷,擦净试管外部油液)。

冷却后,将试管内容物倾入 250mL 三角瓶中,用水洗净试管内部及小漏斗,三角瓶内溶液总体积为 60～70mL,保持混合液中(1/2H$_2$SO$_4$)浓度为 2～3mol·L^{-1},然后加入 2-羧基代二苯胺指示剂 12～15 滴,此时溶液呈棕红色。用标准的 0.2mol·L^{-1} FeSO$_4$ 滴定,滴定过程中不断摇动内容物,直至溶液的颜色由棕红色经紫色变为暗绿(灰蓝绿色),即为滴定终点。如用邻菲罗啉指示剂,加指示剂 2～3 滴,溶液的变色过程中由橙黄→蓝绿→砖红色即为终点。记取 FeSO$_4$ 滴定毫升数(V)。

每一批(即上述每铁丝笼或铝块中)样品测定的同时,进行 2～3 个空白试验,即取 0.500g 粉状二氧化硅代替土样,其他手续与试样测定相同。记取 FeSO$_4$ 滴定毫升数(V_0),取其平均值。

2. 稀释热法

准确称取 0.5g(精确到 0.0001g)土壤样品于 500mL 的三角瓶中,然后准确加入 1mol·L^{-1}

$(1/6K_2Cr_2O_7)$溶液 10mL 于土壤样品中，转动三角瓶使之混合均匀，然后加 20mL 浓 H_2SO_4，将三角瓶缓缓旋摇 1min，促使混合以保证试剂与土壤充分作用，并在石棉板上静置约 30min。加水稀释至 250mL，加 2-羧基代二苯胺 12～15 滴，然后用 $0.5mol \cdot L^{-1}$ $FeSO_4$ 标准溶液滴定之，其终点为灰绿色。

或加 3～4 滴邻菲罗啉指示剂，用 $0.5mol \cdot L^{-1}$ $FeSO_4$ 标准溶液滴定至近终点时溶液颜色由绿变成暗绿色，逐渐加入 $FeSO_4$ 直至生成砖红色为止。

用同样的方法做空白测定（即不加土样）。

如果 $K_2Cr_2O_7$ 被还原的量超过 75%，则须用更少的土壤重做。

四、结果计算

1. 外加热法

$$\text{土壤有机碳}/(g \cdot kg^{-1}) = \frac{\frac{c \times 5}{V_0} \times (V_0 - V) \times 10^{-3} \times 3.0 \times 1.1}{m \times k} \times 1000$$

式中：c——$0.8000mol \cdot L^{-1}$（$1/6K_2Cr_2O_7$）标准溶液的浓度；

5——重铬酸钾标准溶液加入的体积，mL；

V_0——空白滴定用去 $FeSO_4$ 体积，mL；

V——样品滴定用去 $FeSO_4$ 体积，mL；

10^{-3}——将 mL 换算为，L；

3.0——1/4 碳原子的摩尔质量，$g \cdot mol^{-1}$；

1.1——氧化校正系数；

m——风干土样质量，g；

k——将风干土样换算成烘干土的系数。

2. 稀释热法

$$\text{土壤有机碳}/(g \cdot kg^{-1}) = \frac{c(V_0 - V) \times 10^{-3} \times 3.0 \times 1.33}{m \times k} \times 1000$$

$$\text{土壤有机质}/(g \cdot kg^{-1}) = \text{土壤有机碳}/(g \cdot kg^{-1}) \times 1.724$$

式中：c——$0.5mol \cdot L^{-1}$ $FeSO_4$ 标准溶液的浓度；

1.33——氧化校正系数；

其他各代号和数字的意义同前。

五、注意事项

1. 有机质含量高于 $50g \cdot kg^{-1}$ 的土样，称 0.1g；有机质含量高于 20～$30g \cdot kg^{-1}$ 的土样，称 0.3g；小于 $20g \cdot kg^{-1}$ 的土样，称 0.5g 以上。由于称样量少，称样时应用减重法以减少称样误差。

2. 土壤中氯化物的存在可使结果偏高。因为氯化物也能被重铬酸钾所氧化，因此，盐土中有机质的测定必须防止氯化物的干扰，少量氯可加少量 Ag_2SO_4，使氯根生成 AgCl 沉淀下来。Ag_2SO_4 的加入，不仅能沉淀氯化物，而且有促进有机质分解的作用。据研究，当使用 Ag_2SO_4 时，校正系数为 1.04，不使用 Ag_2SO_4 时校正系数为 1.1。Ag_2SO_4 的用量不能太多,约加 0.1g,否则会生成 $Ag_2Cr_2O_7$ 沉淀,影响滴定。

3.油浴最好不采用植物油,因为它可被重铬酸钾氧化,而可能带来误差;而矿物油或石蜡对测定无影响。油浴锅预热温度当气温很低时应高一些(约 200℃)。铁丝笼应该有脚,使试管不与油浴锅底部接触。用矿物油虽对测定无影响,但空气污染较为严重,最好采用铝块(有试管孔座的)加热自动控温的方法来代替油浴法。

4.时间必须在试管内溶液表面开始沸腾时开始计算。掌握沸腾的标准尽量一致,然后继续消煮 5min,消煮时间对分析结果有较大的影响,故应尽量计时准确。

5.消煮好的溶液颜色,一般应是黄色或黄中稍带绿色,如果以绿色为主,则说明重铬酸钾用量不足。在滴定时消耗硫酸亚铁量小于空白用量的 1/3 时,有氧化不完全的可能,应弃去重做。

实验七　土壤比重、容重和孔隙的测定

　　土壤是极为复杂的多孔体,土粒与土粒、结构体与结构体之间,通过点、面接触关系,形成大小不等的空间,土壤中的这些空间称为土壤孔隙。土壤中孔隙的形状是复杂多样的,土壤孔隙类型及其分布极其复杂,通常把土壤中的孔度、大小孔隙的分配及其在各土层中的孔隙分布状况称作"土壤的孔性"(孔隙性质)。孔隙是容纳水分和空气的场所。土壤中孔隙容积所占的比例越大,水分和空气的容量就越大。土壤孔隙大小不一,大者可通气,小者可蓄水。所以,为了满足作物对水分和空气的需要,有利于根系的伸展和活动,一方面要求土壤的孔度较大,另一方面要求大小孔隙的分配和分布较为适当。土壤中的孔隙复杂多样,从极微细的小孔到粗大的裂隙,从树枝状、网状到念珠状、管状以及各种不规则的孔隙,要直接观察和测量孔度是困难的。通常是通过土壤比重和容重来计算孔度。

　　土壤的比重是指单位容积固体土粒(不包括孔隙)的质量,单位是 $g \cdot cm^{-3}$,其数值大小取决于矿物成分和腐殖质含量。土壤中多数矿物的比重在 2.5～2.7,含铁矿物的比重＞3;腐殖质的比重在 1.4～1.8。土壤腐殖质的含量一般只有百分之几,所以土壤的比重主要取决于其矿物质组成,通常取其平均值 2.65,作为土壤比重常用值。

　　土壤的容重,是指田间自然垒结状态下单位体积的土壤质量(即在 105℃下除去水分的质量),单位是 $g \cdot cm^{-3}$,其数值总是小于比重。土壤容重的大小与土壤质地、结构、有机质含量和土壤紧实度等有关。

　　单位体积土壤内孔隙所占的体积分数,称为土壤孔隙度(孔度)。土壤孔度一般不直接测定,可根据土壤容重和比重计算而得。土壤孔隙度的大小取决于土壤的质地,结构和有机质的含量。不同土壤的孔隙度差别是很大的,砂土为 30%～45%,壤土 40%～50%,黏土 45%～60%。团粒结构良好的壤土和黏土,孔度高达 55%～65%,甚至可达 70% 以上。有机质含量特别多的泥炭土孔度可超过 80%,一般作物适宜的孔隙度为 50% 左右。土壤的孔性决定着土壤的水分和空气状况,并对热量交换有一定的影响,是土壤的重要属性。

　　利用土壤的比重和容重可以计算土壤总孔隙度、非毛管孔隙度、三相比和孔隙比等项目。因此,它们是土壤物理性质重要测定项目和指标。

一、方法原理

　　土壤容重和孔度是十分重要的土壤物理性质指标。容重不仅可用于计算土壤的孔度,还有其他许多用途。

1. 反映土壤的松紧度

各种作物对土壤松紧度有一定的要求,土壤过紧,妨碍植物根系伸展;过松则漏水跑墒,也不利于作物生长。在相同或相似的质地条件下,容重小,表明土壤疏松多孔,结构性良好;容重大,则表明土壤紧实、板结而缺少团粒结构。

2. 计算工程土方量

每公顷耕层土壤有多重呢?可以根据土壤的平均容重来计算;同样,要在一定面积土地上挖土或者填土,要挖去或者填上多少土,也可以根据土壤容重来计算。

3. 计算土壤中一定土层内各种组分的含量

根据土壤的容重值,可以算出单位面积土地的土壤水分贮量、有机质含量、养分数量和盐分总量等,作为灌溉排水、养分和盐分平衡计算以及施肥设计的依据。

例如,一公顷(10000平方米)土地的耕层厚度为20cm,容重为 $1.15g \cdot cm^{-3}$,则土壤质量为:$10000m^2 \times 0.2m \times 1.15g \cdot cm^{-3} = 2300t$。这相当于每亩15万公斤土,这个数值是在很多情况下经常采用的每亩耕层土壤质量值。耕层土壤的全氮量为0.12%,则每亩耕层中氮总量为 $150000kg \times 0.12\% = 180kg$。

如前所述,土壤的孔度是指土壤中所有大小孔隙的容积之和占整个土壤容积的百分数,可以通过土壤的容重和比重来计算,即:

$$土壤孔度/\% = \frac{孔隙容积}{土壤容积} \times 100 = \frac{土壤容积 - 土粒容积}{土壤容积} \times 100$$

$$= \left(1 - \frac{土粒容积}{土壤容积}\right) \times 100 = \left(1 - \frac{土粒容积 \times 土质量}{土壤容积 \times 土质量}\right) \times 100$$

$$= \left(1 - \frac{土质量}{土壤容积} \times \frac{土粒容积}{土质量}\right) \times 100 = \left(1 - \frac{土质量}{土壤容积} \div \frac{土质量}{土粒容积}\right) \times 100$$

$$= \left(1 - \frac{容重}{比重}\right) \times 100$$

由此可见,土壤的孔度与容重成反比,容重越小,孔度越大,即土壤越疏松;容重越大,孔度越小,则土壤越紧实。

用比重瓶法可以很方便测得土壤的比重,即借用排水称重方法测得同体积的水质量,再测土壤的含水量,计算出土壤的比重。利用固定体积的环刀,采取田间自然状态的土壤,烘干去除水分,测量可知环刀的容积、质量以及土壤的质量及其含水量,则可计算出土壤的容重、孔度、含水率等指标。

二、主要仪器及试剂

环刀(由无缝钢管制成,一端有刃口,便于压入土中),环刀托(上有孔,采样时空气由此排出),铁铲,削土刀,木槌,游标卡尺,天平(感量0.01g),电热恒温烘箱等。

比重瓶(短颈,容积50mL或100mL),天平(感量0.001g),电热板或沙浴,温度计等。

三、实验步骤

1. 土壤容重的测定

取洁净环刀一只,记录其号码,在天平上称出其质量(准确至0.1g),测量环刀的高度及内径,计算其容积。

选择好土壤剖面，按土壤剖面层次，自上而下用环刀在每层中部采样（图 2-7）。采样时要均衡用力，通过环刀托将环刀压入土中（土较硬难以压入时，可以用木槌轻轻敲打环刀托），待整个环刀全部压入土中后，用铁铲把环刀周围的土壤挖去，小心地取出带土的环刀，用削土刀仔细地削平环刀顶面和底面的余土，使之与刃口齐平。并在同一地点采取土样约100g，置于铝盒中，带回测定土壤比重之用。

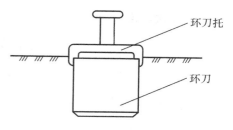

图 2-7　环刀采样示意图

带回实验室，用干布或纸巾擦净黏附于环刀外壁的土壤及水分，称重。放入 105℃ 恒温烘箱中烘 6～8h（一般可达恒重），冷却后称重。

2. 土壤比重的测定

取 50mL 比重瓶，加满蒸馏水（为了去除水中的空气，事先将蒸馏水煮沸，冷却至室温后加入瓶中），塞好瓶塞，擦干瓶外。称质量（m_1），同时测定瓶中的水温 t_1（精确至 0.1℃）。

称取通过 1mm 筛的风干土样 10g，并换算成烘干土质量（m_s）。将比重瓶中的蒸馏水倒出，将已称好的土样小心装入比重瓶，使土和水的体积约为比重瓶容积的 $1/3 \sim 1/2$，摇匀。放置在电热板或沙浴上加热，保持沸腾 1 小时（注意温度不要太高，以免土液溢出损失）。

将比重瓶口的土粒小心洗回瓶中，塞好瓶塞，冷却至室温，加煮沸过的蒸馏水至满，塞好瓶塞，将瓶外擦干，称质量（m_2），同时记录水温 t_2（精确至 0.1℃）。

四、结果计算

1. 土壤比重

当 $t_1 = t_2$ 时，

$$\rho = \frac{m_s}{m_1 + m_s - m_2} \times \frac{\rho m_2}{\rho m_0}$$

式中：ρ——土壤比重，g·cm^{-3}

m_s——烘干土质量，g；

m_2——t_2℃时比重瓶及水、土样的质量，g；

m_1——t_2℃时比重瓶及水的质量，g；

ρm_2——t_2℃时蒸馏水的比重，g·cm^{-3}（查表 2-10）；

ρm_0——4 ℃时蒸馏水的比重，g·cm^{-3}（查表 2-10）。

当 $t_1 \neq t_2$ 时，比重瓶中的水重 m_1 必须进行温度校正，由表 17 查出在温度 t_1 和 t_2 时水的比重 ρ_1 和 ρ_2，

$$x = \frac{\rho_1}{\rho_2} \times 比重瓶体积$$

$$m_3 = m_1 \pm x \quad (t_2 > t_1 时，减；t_1 > t_2 时，加)$$

2. 土壤容重、含水率

$$土壤容重/(g·cm^{-3}) = \frac{烘干后带土环刀质量 - 环刀质量}{环刀容积}$$

$$土壤含水率/\% = \frac{带土环刀质量 - 烘干后带土环刀质量}{烘干后带土环刀质量 - 环刀质量} \times 100$$

3. 土壤孔度、三相比

$$土壤孔度/\% = \left(1 - \frac{容重}{比重}\right) \times 100$$

三相比＝土壤气相容积率：土壤液相容积率：土壤固相容积率

五、注意事项

1. 比重瓶中加蒸馏水后，塞上有毛细管的塞子，此时应使水充满整个比重瓶和毛细管，切勿留有气泡。

2. 测量土壤比重时，称重前一定要将比重瓶外的水分擦干。

3. 比重瓶法测量土壤比重要求平行绝对误差＜0.02。

4. 测定土壤比重最好在25℃恒温条件下进行。

5. 测定表层土壤容重要做5个重复，底层做3个重复。

6. 测定表层土壤含水率要做3个重复，底层做2个重复。

实验八　土壤水势的测定

　　要了解土壤水运动及土壤对植物的供水能力,只有土壤水数量的观念是不够的。举一个直观的例子:如果黏土的土壤含水量为 20％,砂土的土壤含水量为 15％,两土样相接触,土壤水应怎样移动? 如单从土壤水数量的观念,似乎土壤水应从黏土土样流向砂土土样,但事实恰恰相反。这说明,光有土壤水数量的观念,尚不能很好研究土壤水运动及对植物的供水,必须建立"土壤水的势能"的观念。

　　与自然界其他物质一样,土壤水也具有不同形式的不同量级的能量。经典物理学将自然界的能分为动能和势能,动能是由物体运动的速度和质量所决定的,其值等于 $\frac{1}{2}mV^2$。由于土壤中水流速度非常缓慢,因此一般不考虑土壤水的动能。势能是由物体的相对位置及内部状态决定的,是制约土壤水的状态及运动的主要能量。因此说到土壤的水能量时,指土壤水的势能,简称土壤水势,是指土壤水所具有的势能,即可逆地和等温地,在大气压下从特定高度的纯水池移动单位数量的水到土壤水中所须做的功。

　　作用于土壤水的力主要有重力、土壤颗粒的吸力和土壤水所含溶质的渗透力,因此土壤水势通常表示为以上各种力构成的分势的总和。土壤水势一般表示为负的压力,因此也称为土壤水分张力。土壤饱和时土壤水势的绝对值小;土壤含水量低时,土壤水势的绝对值大。因此,土壤水势绝对值的大小反映了土壤水分运动和植物吸水的难易。

　　自然界中一切物质都具有自发地由高势能向低势能运动的趋势,并最终与周围环境能量平衡。土壤水也遵循这一普遍规律,若把土壤和其中的水当作一个系统来考虑,当土—水系统保持在恒温、恒压以及溶液浓度和力场不变的情况下,系统和环境之间没有能量交换,该系统称为平衡系统。由于水在流动过程中要作功,所以对每个平衡系统不是消耗了能量,就是获得了能量,一个平衡的土—水系统所具有能够作功的能量即为该系统的土壤水势能。当两个具有不同能量水平的土—水平衡系统接触时,水就从具有较高势能水平的系统流到具有较低能量水平的系统,直到两个系统的土壤水势值相等,于是水的流动也就停止了。

　　显然,在分析土壤水的保持和运动时,重要的不是在于某一系统本身的能量水平,而在于两个平衡系统之间的土壤水势之差,因此,可任意规定一个土—水平衡系统为基准系统,其土壤水势为零,国际土壤学会选定的基准系统是:假设一纯水池,在标准大气压下,其温度与土壤水温度相同,并处在任意不变的高度。由于假设水池所处高度是任意的,因此土壤中任意一点的土壤水势与标准状态相比并不是绝对的。虽然如此,但在同一标准状态下,土壤中任意两点的土壤水势之差值是可以确定的。

一、方法原理

土壤水势包括许多分势,除盐碱土外,与土壤水运动最密切相关的是基质势和重力势。重力势是地球重力对土壤水作用的结果,其大小由土壤水在重力场中相对于基准面的位置决定,基准面的位置可任意选定。基质势是由于土壤基质孔隙对水的毛管力和基质颗粒对水的吸附力共同作用而产生的。取基准面纯水自由水面的土壤水势为0,则基质势为小于0的负值。土壤水势的单位经常用的有单位质量土壤水的势能和单位容积土壤水的势能。单位质量土壤水的势能的量纲为长度单位,即 cm、m 等。单位容积土壤水的势能量纲为压强单位,即 Pa(帕),习惯上常用的还有 bar(巴)或大气压为单位。

测定基质势最常用的方法是张力计法(又称负压计法),可以在田间现场测定。一个完全充满无气水(将水煮沸排除溶解于水中的气体,然后将煮沸的水与大气隔绝降至气温,即为无气水)、密封的土壤张力计插入土壤后,土壤张力计的感应部件陶土管能够让水及溶质透过,但不能让土粒及空气透过,由于水分不饱和的土壤具有吸力,陶土管周围的土壤便将土壤张力计中的水经陶土管壁吸出,使仪器系统内产生一定的真空度,这一真空度由负压指示出来。当陶土管周围土壤的土壤水势与陶土管内负压平衡时,水分从土壤张力计向土壤中的运动停止,此时土壤张力计的压力表所指示的负压力为土壤水吸力,记录压力计读数并计算出土壤的基质势。

二、主要仪器及结构

土壤张力计,可在市场上购得各种形式的土壤张力计。

取土钻,根据埋设土壤张力计的深度定做或加工(注意:土钻钻头直径要与土壤张力计瓷头直径相同)。

土壤张力计有各种形式,但其基本构造相同,都是陶土管、集气管和压力表等部分组成(图 2-8)。

陶土管是土壤张力计的感应部分。它有许多细小而均匀的孔(孔径在 $1\sim1.5\,\mu m$ 之间)组成,当陶土管完全被水浸润后,其空隙间的水膜只让水或溶液通过,而不让空气通过。陶土管还要求具有一定的透水性,以传导度 K 值(单位压力差下单位时间通过陶土管壁的水量)来衡量,一般要求为 $1\,mL\cdot min^{-1}\cdot bar^{-1}$。

压力表是土壤张力计的指示部件。一般采用汞柱负压表或者弹簧负压表,是测量所需精确度选用压力表。

集气管是用来收集仪器里面的空气。仪器系统内理论上不允许存在空气,但实际上溶解在土壤水中的空气往往难免进入,在一定的真空度下溶解的空气便气化而聚集到集气管里。集气管里 $1\sim2\,mL$ 的空气不会影响仪器的准确度;但有过多的空气时,必须重新充水排气。

此外,为了保证仪器密封,连接各部件的连接管材料应坚固耐用,能够经受得住田间条件(如暴晒、温湿度变化等)作用而不致破裂漏气。

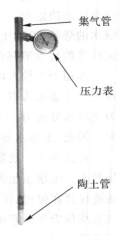

集气管

压力表

陶土管

图 2-8 土壤张力计

三、实验步骤

1. 除气

土壤张力计在使用前必须除气。将集气管的盖子和橡皮塞打开,将仪器倾斜,徐徐注入煮沸后冷却的无气水,使整个仪器内充满水,盖上集气管的橡皮塞。然后用注射器通过橡皮塞插入集气管内抽气,这时陶土管、连接管及压力表中有气泡逸出,再进行抽气 3～4 次,仪器中的空气可基本排尽。然后打开集气管的塞子,重新充满水。如果没有小气泡聚集到集气管中,说明仪器系统内空气已经除尽,可以使用了。

2. 安装及测定

根据测定的需要,土壤张力计的安装分为以下两种:

①田间安装和观察。在需要测量的田块上选择有代表性的点,用于陶土管直径相同的取土钻钻孔至待测深度,然后将土壤张力计插入孔中,灌少量水于孔中,再用细土填入仪器与土之间的空隙中,并将仪器上下移动几次,使陶土管与周围的土壤紧密结合,最后在仪器四周填上些干土、培实,其他部件可套上塑料袋加以保护。

仪器安装后一般要 2 小时至 1 天才能和土壤吸力达到平衡,方可观察读数。

为了降低气温的影响,最好在上午固定时间测定,测定时注意将土壤张力计管内气泡排到储气管中,方法是用手指轻轻不断弹土壤张力计联结管。测定数次后,土壤张力计须重新注水。

②实验室的安装和观察。分别称取砂质、壤质、黏质的风干土各 500g 于三只 500mL 烧杯中,加入等量的水调匀,使其含水量相等(15%左右),将土壤张力计分别埋于其中,并使陶土管与周围的土壤紧密接触,平衡 2 小时后观察并读数。

2. 零位校正和结果计算

埋在土壤中的陶土管与地面之间有一定的距离,在仪器充水条件下,对陶土管产生静水压力,压力表上的读数实际上包括了这个静水压力(即陶土管所处深度的土壤吸力),要消除这个静水压力,即为零点校正。以弹簧负压表为例,量出陶土管中心部位至压力表的垂直距离,以每 10cm 为 1cbar 计算校正值,将测量的读数值减去校正值即为测量点的土壤基质势,一般在测量表层土壤的基质势时,校正值可以忽略不计。

3. 测定允许差

用土壤张力计测定土壤基质势的精度一般由土壤张力计所用压力表的最小读数决定。弹簧负压表的测定精度较粗,水银柱压力计的读数可精确到 1mm 汞柱,但由于肉眼的读数误差,常常达不到这个精度。

四、注意事项

1. 必须使陶土管与压力表之间有连续的水力联系,所以应该小心地去除系统内所有的气泡以避免出现间隙,它可能中断水力联系,或至少使仪器变得较为迟钝。

2. 温度明显地影响土壤基质势和仪器的作用特征,为了减小温度对仪器作用的影响,田间测定时可在6:00—7:00点进行,因为此时太阳还来不及晒暖仪器,使其温度不同于土壤温度。当土温接近冰点时,应将仪器收回,避免冻坏。

3. 因为要求的是水势平衡而不是含水量平衡,所以仪器与土壤之间必须有水力联系。注意土壤干燥时,保证陶土管不致因土壤干燥收缩而与土壤失去联系。

实验九 土壤的反应及缓冲性能

　　土壤液相是一种很稀的溶液,含有各种溶解的无机及有机盐类和气体分子,还悬浮着一些胶体颗粒。在土壤溶液中以及液-固(特别是胶粒)界面上,不断进行着复杂多样的化学、物理化学和生物化学过程。其中,土壤酸碱反应和氧化还原反应就是土壤溶液中两种极为重要的性质,它们与土壤固相和气相密切相关,对土壤肥力和植物营养有着多方面的影响。

　　酸性或碱性是指溶液的反应,即土壤溶液中 H^+ 浓度和 OH^- 浓度的相对大小。但是,由于土壤溶液与土壤胶体处于密切联系之中,因而它的酸碱反应要比纯溶液复杂得多。实际上,土壤酸碱性并不仅仅决定于土壤溶液反应(pH 值),而主要是取决于土壤胶体上致酸离子(H^+ 或 Al^{3+})或碱性离子(Na^+)的数量,也取决于土壤中酸性盐类或碱性盐类的存在。因此,不能孤立地研究土壤溶液的酸碱反应,而必须联系土壤胶体和离子交换吸收作用,才能全面说明土壤的酸碱情况及其发生和变化规律。

　　依据 H^+ 和 Al^{3+} 的存在形式和测定方法不同,可将土壤酸度分为活性酸度和潜性酸度两种。①活性酸度是指自由扩散于土壤溶液中的 H^+ 浓度直接反映出来的酸度,主要是由碳酸的解离产生。一方面,土壤中的微生物、植物根系以及其他土壤生物的生命活动过程不断产生的 CO_2,在土壤溶液中解离产生 H^+。另一方面,土壤中的有机残体经微生物作用,在未完全分解之前可产生多种有机酸类,如草酸、醋酸、枸橼酸等中间产物,在通气不良和真菌活动的情况下能逐渐积累并释放出 H^+;②潜性酸是由于土壤胶粒上所吸附的 H^+ 和 Al^{3+} 造成的,它们只有通过离子交换进入土壤溶液产生了 H^+ 时,才显示出酸性,它们是土壤潜性酸的来源。一方面,胶体吸附的吸附性 H^+ 被其他阳离子置换而进入土壤溶液,土壤酸度就发生变化。另一方面,在酸性较强的土壤中,胶体表面常常吸附着相当数量的交换性 Al^{3+},可以通过阳离子交换作用进入土壤溶液,经水解能够产生 H^+ 引起土壤酸度变化。

　　土壤中的活性酸与潜性酸是处于同一平衡体系中两种不同存在形式:有活性酸的土壤,必然会导致潜性酸的生成;反之,潜性酸的存在也必然会产生活性酸。然而土壤酸度的产生,必先起始于土壤溶液中的活性 H^+,即活性酸是土壤酸度的根本起点。因为只有土壤溶液中有了 H^+,并将胶体上的盐基离子交换出来,又不断遭到雨水的淋失,才会使胶体上的交换性盐基离子逐渐减少,而吸附性 H^+ 逐渐增加。当吸附性 H^+ 超过一定饱和度时,黏粒就不稳定,导致晶体内铝氧八面体破裂,晶格中的 Al^{3+} 成为交换性 Al^{3+} 或溶液中液中的活性 Al^{3+}(并进一步成为其他胶粒上的交换性 Al^{3+}),而最终导致土壤潜性酸度增高。

　　当酸性或碱性物质施入土壤时,土壤胶体表面所吸附的交换性阳离子,通过阳离子交换作用,使土壤溶液中的 H^+ 或 OH^- 浓度变化很小或基本上不起变化。这种土壤胶体的缓冲作用(固相缓冲)是土壤具有缓冲作用的主要原因。此外,土壤溶液中存在的多种弱酸(如碳酸、硅酸、磷酸、腐植酸和其他有机酸等)及其盐类,组成了一个复杂又良好的缓冲系统,使土壤对酸、碱具有一定的缓冲能力,这是土壤溶液的缓冲作用(液相缓冲)。对于 pH<5 的酸性土壤,还存在着铝离子对碱的缓冲作用。土壤的这种能够抵抗外加酸或碱性物质改变土壤酸碱度的能力,称为土壤的缓冲性能或缓冲作用。

土壤酸碱度是土壤重要的化学性,它影响着土壤矿物质的转化,土壤养分的形态及其有效性,对作物的生长和土壤微生物的活动也有着密切的关系。土壤酸碱度的测定对于改良土壤、指导合理施肥等方面都有直接的参考意义。

一、方法原理

土壤酸度是由 H^+、Al^{3+} 等引起的。土壤溶液中的 H^+ 引起的酸性反应(活性酸)可直接测定,pH 计是常用的测定仪器。由土壤胶体上吸附性 H^+、Al^{3+} 引起的酸性反应(潜性酸),用中性盐类或水解性盐类把吸附在土壤胶体表面的 H^+、Al^{3+} 交换下来,再测定溶液中的酸度,用总酸量来表示,其数值的大小与土壤阳离子交换量、盐基饱和度以及代换性铝离子有关。

二、主要仪器及试剂

1. 主要仪器

pH 计,磁力搅拌器,天平(感量 0.1g),50mL 高脚烧杯,量筒等。

2. 试剂

$1mol \cdot L^{-1}$ KCl 溶液:称取 74.6g 氯化钾(KCl,分析纯)溶于 400mL 水,用 HCl 或 NaOH 溶液调节 pH 至 5.5~6.0 之间,定容至 1000mL。

3.5% NaF 溶液:称取分析纯氟化钠(NaF,纯度 98%)3.57g 加 96.43g 水搅拌溶解即可,保存在塑料瓶中。

$0.1mol \cdot L^{-1}$ HCl 溶液:移取 0.9mL 盐酸(HCl,分析纯),缓慢注水,并定容至 1000mL。必要时需做浓度标定,如下(GB/T601—2002):

(1)反应原理:

$$Na_2CO_3 + 2HCl \longrightarrow 2NaCl + CO_2 + H_2O$$

为缩小指示剂的变色范围,用溴甲酚绿-甲基红混合指示剂,使颜色变化更加明显,该混合指示剂的碱色为暗绿,它的变色点 pH 值为 5.1,其酸色为暗红色很好判断。

(2)仪器:

50mL 碱式滴定管;250mL 锥形瓶;瓷坩埚;称量瓶。

(3)标定过程:

基准物处理:取预先在玛瑙研钵中研细之无水碳酸钠适量,置入洁净的瓷坩埚中,在沙浴上加热,注意使坩埚中的无水碳酸钠面低于沙浴面,用坩埚盖半掩,沙浴中插一支温度计,温度计的水银球与坩埚底平,开始加热,270~300℃保持 1 小时。加热期间缓缓加以搅拌,防止无水碳酸钠结块,加热完毕后,稍冷,将碳酸钠移入干燥好的称量瓶中,于干燥器中冷却后称量。

称取上述处理后的无水碳酸钠 0.01~0.02g,置于 250mL 锥形瓶中,加入新煮沸冷却后的蒸馏水 50mL,加 10 滴溴甲酚绿-甲基红混合指示剂,用待标定溶液滴定至溶液成暗红色,煮沸 2min,冷却后继续滴定至溶液呈暗红色。同时做空白试验。

(4)计算:

$$c(\text{HCl}) = \frac{m \times 1000}{(V_1 - V_2) \times 52.99}$$

式中:$c(\text{HCl})$——盐酸溶液的浓度,$\text{mol} \cdot \text{L}^{-1}$;

    m——使用无水碳酸钠的质量,g;

    V_1——滴定盐酸溶液消耗的 HCl 体积,mL;

    V_2——滴定空白消耗的 HCl 体积,mL;

    52.99——$\frac{1}{2}$ 无水碳酸钠的摩尔质量的数值,$\text{g} \cdot \text{mol}^{-1}$。

(5)注意事项:

①在良好保存条件下溶液有效期为二个月。

②如发现溶液产生沉淀或者有真菌应进行复查。

三、实验步骤

1. 土壤酸度(pH 值)的测定

土壤水浸提 pH 的测定。称取通过 1mm 筛的风干土样 25g,置于 50mL 高脚烧杯中,加入 25mL 无二氧化碳的蒸馏水,放在磁力搅拌器上(或用玻棒)剧烈搅拌 1~2min,使土体充分分散。放置半小时,用 pH 计测定土壤溶液的 pH 值。

土壤氯化钾浸提 pH 的测定。对于酸性土,当水浸提的 pH 低于 7 时,用盐浸提液测定才有意义。测定方法除用 $1\text{mol} \cdot \text{L}^{-1}$ KCl 替代无二氧化碳蒸馏水以外,其余操作与水浸提相同。

2. 土壤活性酸与潜性酸的比较

取洁净 100mL 烧杯 4 个,分别编号为①、②、③、④。烧杯①中加入 $1\text{mol} \cdot \text{L}^{-1}$ KCl 溶液 30mL 及 4g 酸性土,烧杯②中加入 $1\text{mol} \cdot \text{L}^{-1}$ KCl 溶液 30mL 及 4g 中性土,烧杯③中加入 30mL 无二氧化碳蒸馏水及 4g 酸性土,烧杯④中加入 30mL 无二氧化碳蒸馏水及 4g 中性土。

置于电磁搅拌器上搅拌 1min,静置 5~10min。用 pH 计测定土壤溶液的 pH 值。

再加入 3.5% 中性 NaF 溶液 5 滴,摇匀后静置。用 pH 计测定土壤溶液的 pH 值。

3. 土壤的缓冲作用

取洁净 100mL 烧杯 4 个,分别编号为⑤、⑥、⑦、⑧,分别加入 30mL 无二氧化碳蒸馏水。在⑤、⑥两烧杯中分别加入 4g 中性土;在⑤、⑦两烧杯中分别滴入 4 滴 $0.1\text{mol} \cdot \text{L}^{-1}$ HCl;在⑥、⑧烧杯中分别滴入 10 滴 $0.1\text{mol} \cdot \text{L}^{-1}$ HCl。

置于电磁搅拌器上搅拌 1min,静置 5~10min。用 pH 计测定土壤溶液的 pH 值。

四、注意事项

1. 对于普通的酸度计,测定土壤溶液的 pH 时,注意应将电极插入上层土壤溶液中,而不要插入土壤中。或者可将土壤水浸提液离心分离后进行测定。

2. 如使用土壤专用酸度计,则不必等待静置分层,即可将电极直接插入土壤悬液中进行测定。例如,意大利 HANNA-HI99121 型土壤专用酸度计(图 2-9)。

图 2-9　HANNA-HI99121 型土壤专用酸度计

3. 酸度计的使用请参照其说明书。

实验十　土壤碱解氮的测定(扩散吸收法)

　　土壤中氮素绝大多数为有机质的结合形态,无机形态的氮一般占全氮的 $1\%\sim5\%$。土壤有机质和氮素的消长,主要决定于生物积累和分解作用的相对强弱,气候、植被、耕作制度诸因素,特别是水热条件,对土壤有机质和氮素含量有显著的影响。从自然植被下主要土类表层有机质和氮素含量来看,以东北的黑土为最高(N,$2.56\sim6.95g\cdot kg^{-1}$)。由黑土向西,经黑钙土、栗钙土、灰钙土,有机质和氮素的含量依次降低。灰钙土的氮素含量只有 $0.4\sim1.05g\cdot kg^{-1}$。我国由北向南,各土类之间表土 $0\sim20cm$ 中氮素含量大致有下列的变化趋势:由暗棕壤(N,$1.68\sim3.64g\cdot kg^{-1}$)经棕壤、褐土到黄棕壤(N,$0.6\sim1.48g\cdot kg^{-1}$),含量明显降低,再向南到红壤、砖红壤(N,$0.90\sim3.05g\cdot kg^{-1}$),含量又有所升高。耕种可促进有机质分解,减少有机质积累。因此,耕种土壤有机质和氮素含量比未耕种的土壤低得多,但变化趋势大体上与自然土壤的情况一致。东北黑土地区耕种土壤的氮素含量最高(N,$1.5\sim3.48g\cdot kg^{-1}$),其次是华南、西南和青藏地区,而以黄、淮、海地区和黄土高原地区为最低(N,$0.3\sim0.99g\cdot kg^{-1}$)。对大多数耕种土壤来说,土壤培肥的一个重要方面是提高土壤有机质和氮素含量。总的来讲,我国耕种土壤的有机质的氮素含量不高,全氮量(N)一般为 $1.0\sim2.09g\cdot kg^{-1}$。特别是西北黄土高原和华北平原的土壤,必须采取有效措施,逐渐提高土壤有机质的氮素含量。

　　土壤中有机态氮可以分为半分解的有机质、微生物躯体和腐殖质,而主要是腐殖质。有机形态的氮大部分必须经过土壤微生物的转化作用,变成无机形态的氮,才能为植物吸收利用。有机态氮的矿化作用随季节而变化。一般来讲,由于土壤质地的不同,一年中约有 $1\%\sim3\%$ 的氮释放出来供植物吸收利用。

　　无机态氮主要是铵态氮和硝态氮,有时有少量亚硝态氮的存在。土壤中硝态氮和铵态氮的含量变化大。一般春播前肥力较低的土壤含硝态氮 $5\sim10mg\cdot kg^{-1}$,肥力较高的土壤硝态氮含量有时可超过 $20mg\cdot kg^{-1}$;铵态氮在旱土壤中的变化比硝态氮小,一般 $10\sim15mg\cdot kg^{-1}$。至于水田中铵态氮变化则较大,在搁田过程中它的变化更大。

　　还有一部分氮(主要是铵离子)固定在矿物晶格内称为固定态氮。这种固定态氮一般不能为水或盐溶液提取,也比较难被植物吸收利用。但是,在某些土壤中,主要是含蛭石多的土壤,固定态氮可占一定比例(占全氮的 $3\%\sim8\%$),底土所占比例更高(占全氮的 $9\%\sim44\%$)。这些氮需要用 $HF-H_2SO_4$ 溶液破坏矿物晶格,才能使其释放。

　　土壤氮素供应情况,有时用有机质和全氮含量来估计,有时测定速效形态的氮(包括硝态氮、铵态氮和水解性氮)。土壤中氮的供应与易矿化部分有机氮有很大关系。各种含氮有机物的分解难易随其分子结构和环境条件的不同差异很大。一般来讲,土壤中与无机胶体结合不紧的这部分有机质比较容易矿化,它包括半分解有机质和生物躯体,而腐殖质则多与黏粒矿物结合紧密,不易矿化。

土壤氮的主要分析项目有土壤全氮量和有效氮量。全氮量通常用于衡量土壤氮素的基础肥力,而土壤有效氮量与作物生长关系密切。因此在推荐施肥时意义更大。

土壤全氮量变化较小,通常用开氏法或根据开氏法组装的自动定氮仪测定,测定结果稳定可靠。

土壤有效氮包括无机的矿物态氮和部分有机质中易分解的、比较简单的有机态氮。它是铵态氮、硝态氮、氨基酸、酰胺和易水解的蛋白质氮的总和,通常也称水解氮,它能反映土壤近期内氮素供应情况。

目前国内外土壤有效氮的测定方法一般分两大类:即生物培养方法和化学方法。生物培养法测定的是土壤中氮的潜在供应能力,虽然方法较繁,需要较长的培养试验时间,但测出的结果与作物生长有较高的相关性;化学方法快速简便,但由于对易矿化氮的了解不够,浸提剂的选择往往缺乏理论依据,测出的结果与作物生长的相关性亦较差。

水解氮常被看作是土壤易矿化氮。水解氮的化学测定方法有两种:即酸水解和碱水解。酸水解就是用丘林法测定水解氮,对于有机质含量高的土壤,该方法的测定结果与作物有良好的相关性,但对于有机质缺乏的土壤,测定结果并不十分理想,对于石灰性土壤更不适合,而且操作手续繁长、费时,不适合于例行分析。碱水解法又可分两种:一种是碱解扩散法,即应用扩散皿,以 $1mol \cdot L^{-1}$ NaOH 进行碱解扩散。此法是碱解、扩散和吸收各反应同时进行,操作较为简便,分析速度快,结果的再现性也好。浙江省农业科学院、上海市农业科学院在 20 世纪 60—80 年代都先后证实了该法同田间试验结果的一致性。另一种是碱解蒸馏法,即加还原剂和 $1mol \cdot L^{-1}$ NaOH 进行还原和碱解,最后将氨蒸馏出来,其结果也有较好的再现性。碱解蒸馏主要用于美国,碱解扩散应用于英国和西欧各国,我国也进行了几十年的研究试验,一般认为碱解扩散法较为理想,它不仅能测出土壤中氮的供应强度,也能看出氮的供应容量和释放速率。

一、方法原理

测定土壤全氮量的方法主要可分为干烧法和湿烧法两类。

干烧法是杜马斯(Dumas)于 1831 年创立的,又称为杜氏法。其基本过程是把样品放在燃烧管中,以 600℃ 以上的高温与氧化铜一起燃烧,燃烧时通以净化的 CO_2 气,燃烧过程中产生的氧化亚氮(主要是 N_2O)气体通过灼热的铜还原为氮气(N_2),产生的 CO 则通过氧化铜转化为 CO_2,使 N_2 和 CO_2 的混合气体通过浓的氢氧化钾溶液,以除去 CO_2,然后在氮素计中测定氮气体积。

杜氏法不仅费时,而且操作复杂,需要专门的仪器,但是一般认为与湿烧法比较,干烧法测定的氮较为完全。

湿烧法就是常用的开氏法。这个方法是丹麦人开道尔(J. Kjeldahl)于 1883 年用于研究蛋白质变化的,后来被用来测定各种形态的有机氮。由于设备比较简单易得,结果可靠,为一般实验室所采用。此方法的主要原理是用浓硫酸消煮,借催化剂和增温剂等加速有机质的分解,并使有机氮转化为氨进入溶液,最后用标准酸滴定蒸馏出的氨。

目前在土壤全氮测定中,一般认为标准的开氏法为:称 1.0~10.0g 土样(常用量),加混合加速剂(K_2SO_4 10g,$CuSO_4$ 1.0g,Se 0.1g),再加浓硫酸 30mL,消煮 5 小时。为了缩短消煮时间和节省试剂,自 20 世纪 60 年代至今广泛采用半微量开氏法(0.2~1.0g 土样)。

消煮液中的氮以铵的形态存在,可以用蒸馏滴定法、扩散法或比色法等测定。最常用的是蒸馏滴定法,即加碱蒸馏,使氨释放出来,用硼酸溶液吸收,而后用标准酸滴定之。

扩散法是用扩散皿(即 Conway 皿)进行的。皿分为内外两室(图 2-10),外室盛有消化液,内室盛硼酸溶液,加碱液于外室后,立即密封,使氨扩散到内室被硼酸溶液吸收,最后用标准酸滴定之。有人认为扩散法的准确度和精密度大致和蒸馏法相似,但扩散法设备简单,试剂用量少,操作简单,时间短,适于大批样品的分析。

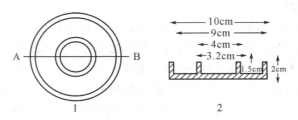

1:平面图;2:横断面图。

图 2-10 微量扩散皿

土壤氮的测定是重要的常规测试项目之一。因此,许多国家都致力于研制氮素测定的自动、半自动分析仪。目前国内外已有不少型号的定氮仪。

本实验采用扩散吸收法测定土壤速效氮,即土壤全氮量中能用 $1.0mol \cdot L^{-1}$ NaOH 溶液水解转化为氨的那部分氮。碱解氮的含量能反映近期土壤氮的供应状况,其分级标准如表 2-19 所示。

表 2-19 土壤碱解氮土壤氮的供应状况关系

级别		碱解氮含量($mg \cdot kg^{-1}$)
高	一级	>150
	二级	120~150
中	三级	90~120
	四级	60~90
低	五级	30~60
	六级	<30

二、主要仪器及试剂

1. 主要仪器

扩散皿,移液管,半微量滴定管,分析天平(0.01g 感量),恒温培养箱。

2. 试剂

$1.0mol \cdot L^{-1}$ NaOH 溶液:称取 40.0g 氢氧化钠(NaOH,分析纯),以蒸馏水溶解,定容至 1000mL。

2％硼酸溶液:称取 20.0g 硼酸(H_3BO_3,分析纯),用热蒸馏水(约 60℃)溶解,冷却后稀释至 1000mL,最后用稀 HCL 溶液或稀 NaOH 溶液调节 pH 至 4.5(定氮混合指示剂呈淡红色)。

混合胶水:阿拉伯胶(每 10g 加 15mL 蒸馏水)10 份,甘油 10 份,饱和碳酸钾溶液 5 份,混合均匀。放在盛有浓硫酸的干燥器中,以除去氨。

混合指示剂:用 95％乙醇分别配制 0.1％甲基红乙醇溶液和 0.1％溴甲酚绿乙醇溶液,然后按 1:1 比例混合均匀即可。

$0.005mol \cdot L^{-1}$ H_2SO_4 标准溶液:用移液管移取浓硫酸(分析纯,比重 1.84)3mL,徐徐加入 15mL 蒸馏水中,然后移入 1000mL 容量瓶中,定容。此溶液为 $0.05mol \cdot L^{-1}$ H_2SO_4溶液。将其稀释 10 倍即为 $0.005mol \cdot L^{-1}$ H_2SO_4 溶液。最后用硼砂($Na_2B_4O_7 \cdot 10H_2O$)标定其浓度至小数第四位(GB/T 601—2002)。

标定方法:标定剂硼砂($Na_2B_4O_7 \cdot 10H_2O$,分析纯)必须保存于相对湿度 60％~70％的空气中,以确保硼砂含 10 个结合水,通常可在干燥器的底部放置氯化钠和蔗糖饱和溶液(并有二者的固体存在),密闭容器中空气的相对湿度即为 60％~70％。

称取 4.7650g 硼砂溶于水中,定容至 250mL,得 $0.05mol \cdot L^{-1}$ $Na_2B_4O_7$ 标准溶液。吸取上述溶液 25.00mL 于 250mL 的锥形瓶中,加 2 滴溴甲酚绿—甲基红指示剂(或 0.2％甲基红指示剂),用配好的 $0.05 mol \cdot L^{-1}$ 硫酸溶液滴定至溶液变酒红色为终点(甲基红的终点为由黄突变为微红色)。同时做空白试验。硫酸标准溶液的浓度按下式计算,取 3 次标定结果的平均值。

$$c_1 = \frac{c_2 \times V_2}{V_1 - V_0}$$

式中:c_1——硫酸标准溶液的浓度,$mol \cdot L^{-1}$;

c_2——$Na_2B_4O_7$ 标准溶液的浓度,$mol \cdot L^{-1}$;

V_2——用去 $Na_2B_4O_7$ 标准溶液的体积,mL;

V_1——硫酸标准溶液的体积,mL;

V_0——空白试验用去硫酸标准溶液的体积,mL。

三、操作步骤

称取通过 1mm 筛的风干土样 2g(精确至 0.01g),均匀地铺在扩散皿的外室中,水平的轻轻旋转扩散皿,使土样均匀平铺。

在扩散皿内室中加 2％硼酸溶液 2mL 及 1 滴混合指示剂。扩散皿外室边缘薄薄涂上一层混合胶水,盖上毛玻璃(光面朝外),并使其与四边完全黏合,

再慢慢推开毛玻璃的一边,使扩散皿露出一条狭缝。用移液管吸取 $1.0mol \cdot L^{-1}$ NaOH 溶液 10mL,并从狭缝中向外室加入 NaOH 溶液,立即将盖盖严。

将扩散皿小心地放入 40℃的恒温培养箱,保温 24 小时后取出(此时内室的硼酸溶液应变为蓝绿色)。用半微量滴定管以 $0.005mol \cdot L^{-1}$ H_2SO_4 标准溶液滴定内室硼酸所吸收的氨,由蓝色转为为红色即为终点,记录硫酸标准溶液的用量。

四、结果计算

分析结果以风干土含氮量 $N(mg \cdot kg^{-1})$表示。

$$土壤碱解氮\ N(mg \cdot kg^{-1}) = \frac{c \times V \times 0.028}{风干土质量}$$

式中：c——硫酸标准溶液的摩尔浓度，$mol \cdot L^{-1}$；

V——滴定时硫酸标准溶液的用量，mL；

0.028——1毫摩尔质量（$2NH_4^+$）中 N 的质量数，g；

五、注意事项

1.扩散皿内室加硼酸和混合指示剂后应现红色，否则表示内室不洁，必须除去，重新加硼酸和混合指示剂，或调换扩散皿。

2.混合胶水为碱性，绝不能沾污内室溶液。扩散过程中，扩散皿必须盖严不能漏气。

3.滴定时应用细玻棒小心搅动内室溶液，同时逐滴加入标准硫酸溶液，注意颜色变化，以防止滴过终点。

实验十一 土壤速效磷的测定

土壤全磷(P)量是指土壤中各种形态磷素的总和。从第二次全国各地土壤普查资料来看,我国土壤全磷的含量大致在 $0.44\sim0.85g\cdot kg^{-1}$ 范围内,最高可达 $1.8g\cdot kg^{-1}$,低的只有 $0.17g\cdot kg^{-1}$。南方酸性土壤全磷含量一般低于 $0.56g\cdot kg^{-1}$;北方石灰性土壤全磷含量则较高。

土壤全磷含量的高低,受土壤母质、成土作用和耕作施肥的影响很大。一般而言,基性火成岩的风化母质含磷多于酸性火成岩的风化母质。我国黄土母质全磷含量比较高,一般在 $0.57\sim0.70g\cdot kg^{-1}$ 之间。另外土壤中磷的含量与土壤质地和有机质含量也有关系。黏土含磷多于砂性土,有机质丰富的土壤含磷亦较多。磷在土壤剖面中的分布,耕作层含磷量一般高于底土层。

大量资料的统计结果表明,我国不同地带的气候区的土壤其速效磷含量与全磷含量呈正相关的趋势。

在全磷含量很低的情况下,土壤中有效磷的供应也常感不足,但是全磷含量较高的土壤,却不一定说明它已有足够的有效磷供应当季作物生长的需要,因为土壤中磷大部分以难溶性化合物存在。例如我国大面积发育于黄土性母质的石灰性土壤,全磷含量均在 $0.57\sim0.79g\cdot kg^{-1}$ 之间,高的在 $0.87g\cdot kg^{-1}$ 以上。但由于土壤中大量游离碳酸钙的存在,大部分磷成为难溶性的磷酸钙盐,能被作物吸收利用的有效磷含量很低,施用磷肥有明显的增产效果。因此,从作物营养和施肥的角度看,除全磷分析外,特别要测定土壤中有效磷含量,这样才能比较全面地说明土壤磷素肥力的供应状况。

土壤中磷可以分为有机磷和无机磷两大类。矿质土壤以无机磷为主,有机磷约占全磷的 $20\%\sim50\%$。土壤有机磷是一个很复杂的问题,许多组成和结构还不清楚,大部分有机磷,以高分子形态存在,有效性不高,一直是土壤学中一个重要的研究课题。

土壤中无机磷以吸附态和钙、铁、铝等的磷酸盐为主,土壤中无机磷存在的形态受 pH 的影响很大。石灰性土壤中以磷酸钙盐为主,酸性土壤中则以磷酸铝和磷酸铁占优势。中性土壤中磷酸钙、磷酸铝和磷酸铁的比例大致为 $1:1:1$。酸性土壤特别是酸性红壤中,由于大量游离氧化铁存在,很大一部分磷酸铁被氧化铁薄膜包裹成为闭蓄态磷,磷的有效性大大降低。另外,石灰性土壤中游离碳酸钙的含量对磷的有效性影响也很大,例如磷酸一钙、磷酸二钙、磷酸三钙等随着钙与磷的比例增加,其溶解度和有效性逐渐降低。因此,进行土壤磷的研究时,除对全磷和有效磷测定外,很有必要对不同形态磷进行分离测定,磷的分级方法就是用来分离和测定不同形态磷的。

了解土壤中速效磷供应状况,是判断土壤磷供应能力的一项重要指标,对于施肥有着直接的指导意义。土壤中速效磷的测定方法很多。有生物方法、化学速测方法、同位素方法、阴离子交换树脂法等。

土壤中有效磷含量是指能为当作物吸收的磷量。因此,生物方法是最直接的,即在温室中进行盆钵试验,测定在一定生长时间内作物从土壤吸收的磷量。

土壤中磷的有效性是指土壤中存在的磷能为植物吸收利用的程度,有的比较容易,有的则较难。这里就涉及强度、容量、速率等因素。

$$土壤固相磷 \longleftrightarrow 溶液中磷 \longrightarrow 植物从溶液吸收磷$$

植物吸收磷,首先决定于溶液中磷的浓度(强度因素),溶液中磷的浓度高,则植物吸收的磷就多。当植物从溶液中吸收磷时,溶液中磷的浓度降低,则固相磷不断补给以维持溶液中磷的浓度不降低,这就是土壤的磷供应容量。

固相磷进入溶液的难易,或土壤吸持磷的能力,即所谓"磷位"($1/2pCa + pH_2PO_4^-$)。它与土壤水分状况用 pF 表示相似,即用能量概念来表示土壤的供磷强度。土壤吸持磷的能力愈强,则磷对植物的有效性愈低。

一、方法原理

土壤有效磷的测定,生物方法被认为是最可靠的。目前用同位素^{32}P 稀释法测得的"A"值被认为是标准方法。阴离子树脂方法有类似植物吸收磷的作用,即树脂不断从溶液中吸附磷,是单方向的,有助于固相磷进入溶液,测出的结果也接近"A"值。但是用得最普遍的是化学速测方法,即用提取剂提取土壤中的有效磷。

1. 水为提取剂

植物吸收的磷主要是 $H_2PO_4^-$ 的形态,因此测定土壤中水溶性磷应是测定土壤有效磷的一个可靠方法。但是用水提取不易获得澄清的滤液;水溶液缓冲能力弱,溶液 pH 容易改变,影响测定结果,而且很多有效磷低的土壤,测定也有困难,因为水的提取能力较弱。因此本方法未能广泛被采用。砂性土壤用这个方法是比较合适的,因为砂性土壤固定磷的能力不大,存在砂性土壤中的磷以水溶性磷为主。

2. CO_2 饱和水溶液为提取剂

它的理论根据是植物根分泌 CO_2,根部周围溶液的 pH 约为 5。实践证明,石灰性土壤中磷的溶解度随着水溶液中 CO_2 浓度的增加而增加。虽然操作手续较繁,但仍是石灰性土壤有效磷测定的一个很好的方法。

3. 有机酸溶液为提取剂

用有机酸作土壤有效磷的提取剂,其理论根据与 CO_2 饱和水溶液一样,植物根分泌有机酸,其溶解能力相当于饱和以 CO_2 的水。常用的有机酸有枸橼酸、乳酸、醋酸等。这些有机酸提取剂西欧国家用得比较多,例如英国使用 1‰枸橼酸作提取剂,德国使用乳酸铵钙缓冲液。

4. 无机酸为提取剂

无机酸的选用主要是从分析方法的方便来考虑的,当然它需与作物吸收磷有相关性,一般均用缓冲溶液。如:HOAc–NaOAc 溶液(pH4.8),$0.001\,mol \cdot L^{-1}\ H_2SO_4$–$(NH_4)_2SO_4$ 溶液(pH3),$0.025\,mol \cdot L^{-1}\ HCl$–$0.03\,mol \cdot L^{-1}\ NH_4F$ 溶液等,也有用 $0.2\,mol \cdot L^{-1}\ HCl$ 溶液,

$0.05mol \cdot L^{-1}$ HCl-$0.025mol \cdot L^{-1}$（$1/2$ H_2SO_4）溶液的"双酸法"。这些提取剂中"HOAc–NaOAc"法曾被称为通用方法,它不仅能提取有效磷,而且也能提取 NO_3^-、NH_4^+、K^+、Ca^{2+}、Mg^{2+} 等。HCl–H_2SO_4 双酸法也有此优点。这些方法主要用于酸性土壤,不适用于石灰性土壤。

5. 碱性溶液为提取剂

目前,$0.5mol \cdot L^{-1}$ $NaHCO_3$ 溶液是用得最广的碱提取剂。它的理论根据是在 pH8.5 的 $NaHCO_3$ 溶液中 Ca^{2+}、Al^{3+}、Fe^{3+} 等离子的活度很低,有利于磷的提取,而溶液中 OH^-、HCO_3^-、CO_3^{2-} 等阴离子均能置换 $H_2PO_4^-$。这个方法主要用于石灰性土壤,但也可用于中性和酸性土壤。

应用化学速测方法测定有效磷,影响有效磷提取的因素主要有:①提取剂和种类。各种阴离子从固相上置换磷酸根的能力如下:$F^- >$ 枸橼酸 $> HCO_3^- > CH_3COO^- > SO_4^{2-} > Cl^-$。由于 F^- 溶解磷的能力较强,同时又能与铁、铝等阳离子络合,因此 0.025 $mol \cdot L^{-1}$ HCl-0.03 $mol \cdot L^{-1}$ NH_4F 法被广泛用于酸性土壤有效磷的测定,但对水稻土不太适宜;②水土比例。提取过程中磷的再固定是一个重要因素,增大水土比例,不仅能增加磷的溶解,而且能减少磷的再固定,因此水土比例不同,测出的结果相差很大;③振荡时间。固相磷的溶解作用和交换作用都与作用时间有关,因此振荡时间必须规定,才能比较好的结果;④温度的影响。提取和显色过程受温度的影响很大,一般要在室温(20～25℃)下进行。

总之,提取液的浓度越高,水土比例愈大,振荡时间愈长,浸提出来的磷愈多。但这里必须指出,化学速测方法提取的磷只是有效磷的一部分,并不要求提取出全部有效磷,只要求提取出来的有效磷能与作物吸收的磷有密切相关。因此并不是水土比例愈大愈好。相反,提取有效磷时不希望太大的水土比例。有人认为,在土壤有效磷的提取过程中,克服非有效磷的溶解是方法成败的关键。因此水土比例能太大,振荡时间也不要太长。

有效磷含量只是一个相对指标,只有用同一方法在相同条件下测得的结果才有相对比较的意义,不能根据测定结果直接来计算施肥量。因此,在报告有效磷结果时,必须同时注明所用的测定方法。表 2-20 列出三种常用的化学提取方法。

表 2-20　土壤有效磷测定常用的三种方法

浸提剂	适用土壤	pH	水土比例	振荡时间/min
$0.05mol \cdot L^{-1}$ HCl - $0.025mol \cdot L^{-1}$（$1/2$ H_2SO_4）	酸性土壤	—	5:25	5
$0.03mol \cdot L^{-1}$ NH_4F - $0.025mol \cdot L^{-1}$ HCl	酸性土壤	1.6	1:7	1
$0.5mol \cdot L^{-1}$ $NaHCO_3$	石灰性土壤	8.5	5:100	30

石灰性土壤由于大量游离碳酸钙存在,不能用酸溶液来提有效磷。一般用碳酸盐的碱溶液。由于碳酸根的同离子效应,碳酸盐的碱溶液降低碳酸钙的溶解度,也就降低了溶液中钙的浓度,这样就有利于磷酸钙盐的提取。同时由于碳酸盐的碱溶液,也降低了铝和铁离子的活性,有利于磷酸铝和磷酸铁的提取。此外,碳酸氢钠碱溶液中存在着 OH^-、HCO_3^-、CO_3^{2-} 等阴离子,有利于吸附态磷的置换,因此,$NaHCO_3$ 不仅适用于石灰性土壤,也适应于中性和酸性土壤中速效磷的提取。待测液中的磷用钼锑抗试剂显色,进行比色测定(表 2-21)。

表 2-21　土壤速效磷分级

土壤速效磷/(mg·kg^{-1})	等级
＜3	很低
3～7	低
7～20	中等
＞20	高

二、主要仪器及试剂

1. 主要仪器

三角瓶,移液管,漏斗,无磷滤纸,分析天平(0.001g 感量),紫外—可见分光光度计,恒温振荡器等。

2. 试剂

二硝基酚指示剂溶液:称取 2,6-二硝基酚(分析纯)或 2,4-二硝基(分析纯)0.25g,溶解于 100mL 水中。此指示剂的变色点约为 pH3,酸性时无色,碱性时呈黄色。

4mol·L^{-1} NaOH 溶液:称取 16.0g 氢氧化钠(NaOH,分析纯),溶解于 100mL 水中。

2mol·L^{-1}(1/2H$_2$SO$_4$)溶液:吸取 6 mL 浓硫酸(H$_2$SO$_4$,分析纯),缓缓加入 80mL 水中,边加边搅动,冷却后加水至 100mL。

钼锑抗试剂:由试剂 A 与试剂 B 混合而成。试剂 A 为 5g·L^{-1}酒石酸氧锑钾溶液:称取 0.5g 酒石酸氧锑钾[K(SbO)C$_4$H$_4$O$_6$,分析纯],溶解于 100mL 水中。试剂 B 为钼酸铵-硫酸溶液:称取 10.0g 钼酸铵[(NH$_4$)$_6$Mo$_7$O$_{24}$·4H$_2$O,分析纯],溶于 450mL 水中,再缓慢地加入 153mL 浓 H$_2$SO$_4$(分析纯),边加边搅。将上述 A 溶液加入到 B 溶液中,最后加水至 1000mL。充分摇匀,贮于棕色瓶中,此为钼锑混合液。临用前(当天),称取 1.5g 左旋抗坏血酸(C$_6$H$_8$O$_5$,分析纯),溶于 100mL 钼锑混合液中,混匀,此即钼锑抗试剂。有效期 24 小时,如藏冰箱中则有效期较长。此试剂中,H$_2$SO$_4$ 为 5.5mol·L^{-1}(H$^+$),钼酸铵为 10g·L^{-1},酒石酸氧锑钾为 0.5g·L^{-1},抗坏血酸为 15g·L^{-1}。

磷标准溶液:准确称取 0.2195g 磷酸二氢钾(KH$_2$PO$_4$,分析纯,预先在 105℃烘箱中烘干),溶解于 400mL 水中,加浓 5mL 浓硫酸(加 H$_2$SO$_4$ 防长真菌,可使溶液长期保存),转入 1000mL 容量瓶中,定容。此溶液为 50μg·mL^{-1}磷标准溶液。吸取上述磷标准溶液 25mL,稀释至 250mL,即为 5μg·mL^{-1}磷标准溶液(此溶液不宜久存)。

0.5mol·L^{-1}碳酸氢钠浸提剂:称取 42.0g 碳酸氢钠(NaHCO$_3$,分析纯)溶解于 800mL 水中,以 0.5mol·L^{-1} NaOH 溶液调节浸提剂的 pH 至 8.5,稀释至 1000mL。此溶液曝于空气中可因失去 CO$_2$ 而使 pH 增高,可于液面加一层矿物油保存之。此溶液贮存于塑料瓶中比在玻璃中容易保存,若贮存超过 1 个月,应检查 pH 是否改变。

无磷活性炭:活性炭常含有磷,应做空白试验,检验有无磷存在。如含磷较多,须先用 2mol·L^{-1} HCl 浸泡过夜,用蒸馏水冲洗多次后,再用 0.5mol·L^{-1} NaHCO$_3$ 浸泡过夜,在瓷布氏漏斗上抽气过滤,每次用少量蒸馏水淋洗多次,并检查到无磷为止。如含磷较少,则直接用 NaHCO$_3$ 处理即可。

三、操作步骤

1. 标准工作曲线绘制

分别准确吸取 $5\mu g \cdot mL^{-1}$ 磷标准溶液 0、1.0、2.0、3.0、4.0、5.0mL 于 150mL 三角瓶中，再加入 0.5 $mol \cdot L^{-1}$ $NaHCO_3$ 溶液 10mL，分别准确补加蒸馏水使各瓶的总体积达到 45mL，摇匀；最后加入 5mL 钼锑抗试剂，混匀，放置 30min 显色。以空白液的吸收值为零点，在 880 nm 或 700 nm 波长进行比色，分别读出吸光度值（A），绘制标准曲线。此溶液中磷的浓度分别为 0、0.1、0.2、0.3、0.4、0.5 $\mu g \cdot mL^{-1}$。

2. 样品的测定

称取通过 20 目筛的风干土样 2.5g（精确到 0.001g）于 150mL 三角瓶（或大试管）中，加入 0.5$mol \cdot L^{-1}$ $NaHCO_3$ 溶液 50mL，再加一勺无磷活性炭，塞紧瓶塞，在 20～25℃恒温振荡器上振荡 30min，立即用无磷滤纸过滤，滤液承接于 100mL 三角瓶中，用移液管吸取滤液 10mL（含磷量高时吸取 2.5～5.0mL，同时应补加 0.5$mol \cdot L^{-1}$ $NaHCO_3$ 溶液至 10mL）于 150mL 三角瓶中，再用移液管准确加入 35mL 蒸馏水，然后移入 5mL 钼锑抗试剂，摇匀，放置 30min 后，在 880 nm 或 700 nm 波长进行比色。以空白液为参比，读出待测液的吸收值 （A）。

四、结果计算

$$土壤中有效磷(P)含量/(mg \cdot kg^{-1}) = \frac{\rho \times V \times ts}{m \times 10^3 \times k} \times 1000$$

式中：ρ——从标准工作曲线上查得磷的质量浓度，$\mu g \cdot mL^{-1}$；

　　　V——显色时溶液定容的体积，mL；

　　　ts——为分取倍数（即浸提液总体积与显色对吸取浸提液体积之比）；

　　　m——风干土样的质量，g；

　　　10^3——将 μg 换算成的 mg；

　　　k——将风干土换算成烘干土质量的系数；

　　　1000——换算成每 kg 含磷量。

五、注意事项

1. 活性炭对 PO_4^{3-} 有明显的吸附作用，而溶液中同时存在大量的 HCO_3^- 离子饱和了活性炭颗粒表面，抑制了活性炭对 PO_4^{3-} 的吸附作用。

2. 本法浸提温度对测定结果影响很大。有关资料曾用不同方式校正该法浸提温度对测定结果的影响，但这些方法都是在某些地区和某一条件下所得的结果，对于各地区不同土壤和条件下不能完全适用，因此必须严格控制浸提时的温度条件。一般要在室温（20～25℃）下进行，具体分析时，前后各批样品应在这个范围内选择一个固定温度以便对各批结果进行相对比较。最好在恒温振荡机上进行提取。显色温度（20℃左右）较易控制。

3. 由于取 0.5$mol \cdot L^{-1}$ $NaHCO_3$ 浸提滤液 10mL 于 50mL 容量瓶中，加水和钼锑抗试剂后，即产生大量的 CO_2 气体，由于容量瓶口小，CO_2 气体不易逸出，在摇匀过程中，常造成试液外溢，造成测定误差。为了克服这个缺点，可以准确加入提取液、水和钼锑抗试剂（共计 50mL）于三角瓶中，混匀，显色。

附Ⅳ 酸性土壤速效磷的测定方法

——0.03mol·L⁻¹ NH₄F - 0.025mol·L⁻¹ HCl 法

一、方法原理

NH₄F-HCl法主要提取酸溶性磷和吸附磷,包括大部分磷酸钙和一部分磷酸铝和磷酸铁。因为在酸性溶液中氟离子能与三价铝离子和铁离子形成络合物,促使磷酸铝和磷酸铁的溶解:

$$3NH_4F + 3HF + AlPO_4 \longrightarrow H_3PO_4 + (NH_4)_3AlF_6$$
$$3NH_4F + 3HF + FePO_4 \longrightarrow H_3PO_4 + (NH_4)_3FeF_6$$

溶液中磷与钼酸铵作用生成磷钼杂多酸,在一定酸度下被 $SnCl_2$ 还原成磷钼蓝,蓝色深浅与磷的浓度成正比。

二、主要仪器及试剂

1. 主要仪器

试管,三角瓶,移液管,漏斗,无磷滤纸,分析天平(0.001g 感量),紫外-可见分光光度计,恒温振荡器等。

2. 试剂

$0.5mol·L^{-1}$ HCl 溶液:移取 20.2mL 浓盐酸(HCl,分析纯),用蒸馏水稀释至 500mL。

$1.0mol·L^{-1}$ NH₄F 溶液:称取 37.0g 氟化铵(NH₄F,分析纯),溶解于水中,稀释至 1000mL,贮存在塑料瓶中。

浸提剂:分别移取 $1.0mol·L^{-1}$ NH₄F 溶液 15mL,$0.5mol·L^{-1}$ HCl 溶液 25mL,加入 460mL 蒸馏水中,此即 $0.03mol·L^{-1}$ NH₄F-$0.025mol·L^{-1}$ HCl 浸提液。

钼酸铵试剂:称取 15.0g 钼酸铵[$(NH_4)_6MoO_{24}·4H_2O$,分析纯],溶解于 350mL 蒸馏水中,徐徐加入 $10mol·L^{-1}$ HCl 溶液 350mL,并搅动,冷却后,加水稀释至 1000mL,贮于棕色瓶中。

$25g·L^{-1}$氯化亚锡甘油溶液:称取 2.5g 氯化亚锡($SnCl_2·2H_2O$,分析纯),溶解于 10mL 浓盐酸中,待 $SnCl_2$ 全部溶解溶液透明后,再加 90 mL 甘油(分析纯),混匀,贮存于棕色瓶中。

$50\mu g·mL^{-1}$磷标准溶液:参照"中性和石灰性土壤速效磷测定"中的配制方法。

$10\mu g·mL^{-1}$磷标准溶液:移取 $50\mu g·mL^{-1}$磷溶液 50mL 于 250mL 容量瓶中,加水稀释

定容,即得 $10\mu g\cdot mL^{-1}$ 磷标准溶液。

三、操作步骤

1. 标准工作曲线绘制

分别准确移取 $10\mu g\cdot mL^{-1}$ 磷标准溶液 2.5、5.0、10.0、15.0、20.0 和 25.0mL,放入 50mL 容量瓶中,加水至刻度,配成 0.5、1.0、2.0、3.0、4.0、5.0 $\mu g\cdot mL^{-1}$ 磷系列标准溶液。

分别吸移取系列标准溶液各 2mL,加水 6mL 和钼酸铵试剂 2mL,再加 1 滴氯化亚锡甘油溶液进行显色,绘制标准工作曲线(表 2-22)。

表 2-22　磷的系列标准溶液(NH₄F-HCl 法)

标准磷溶液/ $(\mu g\cdot mL^{-1})$	吸取标准溶液/ mL	加水* / mL	钼酸铵试剂/ mL	最后溶液中磷的浓度/ $(\mu g\cdot mL^{-1})$
0	2	6	2	0
0.5	2	6	2	0.1
1	2	6	2	0.2
2	2	6	2	0.4
3	2	6	2	0.6
4	2	6	2	0.8
5	2	6	2	1

* 包括 2mL 提取剂。

2. 样品的测定

称 1g(精确至 0.001g)土样,放入 20mL 试管中,用滴定管加入浸提剂 7mL。试管加塞后,摇动 1min,用无磷滤纸过滤。如果滤液不清,可将滤液倒回滤纸上再过滤,吸取滤液 2mL,加蒸馏水 6mL 和钼酸铵试剂 2mL,混匀,加氯化亚锡甘油溶液 1 滴,再混匀。在 5~15min 内,在 700nm 波长进行比色。

四、结果计算

$$土壤速效磷含量/(mg\cdot kg^{-1}) = \frac{\rho\times 10\times 7}{m\times 2\times 10^3}\times 1000 = \frac{\rho}{m}\times 35$$

式中:ρ——从标准工作曲线上查得磷的质量浓度,$\mu g\cdot mL^{-1}$;

10——显色时定容体积,mL;

7——浸提剂的体积,mL;

m——风干土样质量,g;

2——吸取滤液的体积,mL;

10^3——将 μg 换算成的 mg;

1000——换算成每 kg 含磷量。

五、注意事项

1. 氯化亚锡甘油溶液远比水溶液稳定,可贮存半年以上。但是每隔 1~2 月,仍应用标准磷溶液检查一下,视其是否已经失效。

2.加入钼酸铵试剂的量要准确,因为此方法显色溶液的体积较小(10mL),钼酸铵试剂的多少容易改变溶液的酸度,影响显色。

3.用氯化亚锡还原剂的钼蓝法,颜色不够稳定,5~15min 内颜色最为稳定,比色应在此时间段内进行。

实验十二　土壤速效钾的测定

土壤中全钾的含量一般在 $16.1g\cdot kg^{-1}$ 左右,高的可达 $24.9\sim 33.2g\cdot kg^{-1}$,低的低至 $0.83\sim 3.3g\cdot kg^{-1}$。在不同地区、不同土壤类型和气候条件下,全钾量相差很大。如华北平原除盐渍化土外,全钾为 $18.2\sim 21.6g\cdot kg^{-1}$,西北黄土性土壤为 $14.9\sim 18.3g\cdot kg^{-1}$,到了淮河以南,土壤中钾的含量变化悬殊。如安徽南部山地钾含量为 $9.9\sim 33.2g\cdot kg^{-1}$,广西为 $5.0\sim 24.9g\cdot kg^{-1}$,海南岛为 $0.83\sim 32.4g\cdot kg^{-1}$。由此可以看出,华北、西北地区钾的含量变幅较小,而淮河长江以南则较大。这是因为华北、西北地区成土母质均一且气候干旱,而淮河长江以南成土母质不均一和气候多雨有关。

此外,土壤全钾量与黏土矿物类型有密切关系。一般来说 2∶1 型黏土矿物较 1∶1 型黏土矿物为高,特别是伊利石(一系列水化云母)高的土壤钾的含量较高。

土壤中的钾主要以无机形态存在。按其对作物有效程度划分为速效钾(包括水溶性钾、交换性钾)、缓效性钾和相对无效钾三种。它们之间存在着动态平衡,调节着钾对植物的供应。

按化学形态分:

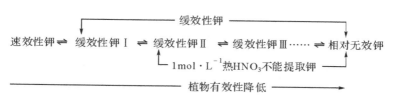

按植物有效性分:

土壤中钾主要呈矿物的结合形态,速效性钾(包括水溶性钾和交换性钾)只占全钾的 1% 左右。交换性钾含量从 $<100mg\cdot kg^{-1}$ 到几百 $mg\cdot kg^{-1}$,而水溶性钾只有几个 $mg\cdot kg^{-1}$。通常交换性钾包括水溶性钾在内,这部分钾能很快地被植物吸收利用,故称为速效钾。缓效钾或称非交换性钾(层间钾),主要是次生矿物如伊利石、蛭石、绿泥石等所固定的钾。我国土壤缓效钾的含量,一般在 $40\sim 1400mg\cdot kg^{-1}$,它占全钾的 $1\%\sim 10\%$。缓效性钾和速效钾之间存在着动态平衡,是土壤速效钾的主要储备仓库,是土壤供钾潜力的指标。但缓效性钾与相对无效性钾之间没有明确界线,这种动态平衡愈向右方,植物有效性愈低。

矿物态钾即原生矿物,如钾长石($KAlSi_3O_8$)、白长石[$H_2KAl_3(SiO_4)_3$]、黑云母等占全钾量的90%～98%。土壤中全钾含量与氮、磷相比要高得多,但不等于说土壤已经有了足够的钾素供应植物需要了,这是因为土壤中钾矿物绝大多数是呈难溶性状态存在,所以贮量虽很高,而植物仍可能缺乏钾素。

土壤钾素肥力的供应能力主要决定于速效钾和缓效钾。土壤全钾的分析在肥力上意义并不大,但是土壤黏粒部分钾的分析,可以帮助鉴定土壤黏土矿物的类型。

一、方法原理

土壤速效钾以交换性钾为主,占95%以上,水溶性钾仅占极小部分。测定土壤交换性钾常用的浸提剂有$1mol \cdot L^{-1}$ NH_4OAc溶液、$100g \cdot L^{-1}$ NaCl溶液、$1mol \cdot L^{-1}$ Na_2SO_4溶液等。通常认为,$1mol \cdot L^{-1}$ NH_4OAc作为土壤交换性钾的标准浸提剂,它能将土壤交换性钾和黏土矿物固定的钾截然分开。我们知道土壤不同形态钾之间存在一种动态平衡,用不同阳离子来提取土壤中交换性钾时,由于它们对这种平衡的影响不一样,提取出来的钾量相差很大。表2-23是H^+、NH_4^+、Na^+三种阳离子对交换性钾的提取能力。

表 2-23　不同阳离子浸提交换性钾量

土壤	连续淋洗次数	不同阳离子浸提的钾量/($mg \cdot kg^{-1}$)			土壤	连续淋洗次数	不同阳离子浸提的钾量/($mg \cdot kg^{-1}$)		
		HOAc	NaOAc	NH_4OAc			HOAc	NaOAc	NH_4OAc
A	1	27	33	26.5	B	1	37	40.5	37.4
	2	8	9	1		2	4.5	9	1
	3	3	6	0.5		3	1.5	3.5	0.5
	4	1.5	3.5	0.5		4	1	4	0.5
	5	0.5	2.5	0		5	0.5	2.5	0.5
	合计	40	54	28.5		合计	44.5	59.5	40.0
C	1	65.5	112.5	90	D	1	21	24	24.5
	2	29.5	36.5	2.5		2	3	4.5	0.5
	3	15	21	0.5		3	1.5	2	0.5
	4	9	12.5	0.5		4	0.5	1.5	0.5
	5	6	9.5	0.5		5	0.5	1	0
	合计	125	202	93.5		合计	26.5	33.0	26.0

从表2-23可以看出,土壤中交换性钾浸提出的量决定于浸提阳离子的种类。不论是1次浸提或是5次淋洗,总钾量均以Na^+为最高。这是因为Na^+离子不仅置换交换性钾,而且将一部分晶格间钾也置换下来了。从1次浸提的钾量来看,NH_4^+大于H^+,而从5次淋洗的总量来看,则H^+大于NH_4^+。这里很明显地看出,由于NH_4^+所浸提的是交换钾量,所以不因淋洗次数的增加而增加。也就是说,NH_4^+浸提出来的钾可以把交换钾和黏土矿物固定的钾(非交换钾)截然分开。其他离子,如Na^+、H^+则不能。它们在浸提过程中也能把一部分非交换性钾逐渐浸提出来,而且浸提时间越长或浸提次数越多,浸出的非交换性钾

也越多。为此，土壤中交换性钾常采用 $1 mol \cdot L^{-1}$ NH_4OAc 溶液作为标准浸提剂。此外，用 NH_4OAc 浸提土壤交换性钾的结果，重现性比其他盐类好。同时，与作物吸收量的相关性也较好。NH_4OAc 浸提土壤交换性钾，最有利于采用火焰光度计来测定钾的含量，土壤浸出液可不用除去 NH_4^+ 直接应用火焰光度计来测定，手续简单，且结果较好，而其他化学方法 NH_4^+ 的干扰很大。

NH_4OAc 方法测土壤速效钾的水土比例一般为 $10:1$，振荡 $30 min$。由于离子间的交换作用关系，故固定水土比例和振荡一定时间是必要的。如没有振荡器，可用手摇每隔 $5 min$ 振荡 1 次，每次 30 下，共 6 次。

以 NH_4OAc 作为浸提剂与土壤胶体上阳离子起交换作用如下：

$$\begin{array}{c} \text{土壤} \begin{matrix} H \\ Mg \\ Ca \\ K \end{matrix} + nNH_4OAc \rightleftharpoons \text{土壤} \begin{matrix} NH_4 \ NH_4 \\ NH_4 \\ NH_4 \ NH_4 \\ NH_4 \end{matrix} + (n-6)NH_4OAc + HOAc + Ca(OAc)_2 + Mg(OAc)_2 + KOAc \end{array}$$

除土壤速效钾外，还有非交换性的缓效性钾。这部分钾不能被 NH_4OAc 交换出来，但是当土壤交换性钾由于作物吸收及淋洗而减低时，这种非交换性的缓效性钾逐渐释放出来，特别是那些含黏土矿物较多的土壤，非交换性的缓效钾对土壤钾的供应起了重要作用。在这种情况下，仅用交换性钾含量作为土壤钾素肥力的指标是不够全面的，还应考虑非交换性缓效钾含量。关于缓效钾的测定，我国主要采用热的 $1 mol \cdot L^{-1}$ HNO_3 溶液进行提取的酸溶性钾减去交换性钾即为土壤缓效性钾。

浸出液中钾的测定方法有多种，应用仪器测量的有火焰光度法和钾电极法。火焰光度法具有快速而准确的优点，且不受铵和硝酸的干扰。

NH_4OAc 浸出液常用火焰光度计直接测定。为了抵消 NH_4OAc 的干扰影响，标准钾溶液也需要用 $1 mol \cdot L^{-1}$ NH_4OAc 配制。

二、主要仪器及试剂

1. 主要仪器

三角瓶，移液管，漏斗，滤纸，分析天平（$0.0001 g$ 感量），火焰光度计、振荡器等。

2. 试剂

$1 mol \cdot L^{-1}$ 中性 NH_4OAc（pH7）溶液：称取 77.09g 醋酸铵（CH_3COONH_4，分析纯），加水溶解，加水至近 1000mL。用 HOAc 或 NH_4OH 调 pH7.0，然后稀释至 1000mL。具体方法如下：取出 $1 mol \cdot L^{-1}$ NH_4OAc 溶液 50mL，用溴百里酚蓝作指示剂，以 $1:1$ NH_4OH 或稀 HOAc 调至绿色即 pH7.0（也可以在酸度计上调节）。根据 50mL 所用 NH_4OH 或稀 HOAc 的毫升数，算出所配溶液大概需要量，最后调至 pH7.0。

$100 \mu g \cdot mL^{-1}$ 钾标准溶液：称取 0.1907g 取氯化钾（KCl，分析纯，110℃烘干 2h），溶于 $1 mol \cdot L^{-1}$ NH_4OAc 溶液中，定容至 1000mL，即为含 $100 \mu g \cdot mL^{-1}$ 的 NH_4OAc 溶液。

钾标准系列溶液：分别准确吸取 $100 \mu g \cdot mL^{-1}$ 钾标准溶液 0, 2.5, 5.0, 10.0, 15.0, 20.0, 40.0mL，放入 100mL 容量瓶中，$1 mol \cdot L^{-1}$ NH_4OAc 溶液定容，即得 0, 2.5, 5.0, 10.0, 15.0, 20.0, 40.0 $\mu g \cdot mL^{-1}$ 钾标准系列溶液。

三、操作步骤

1. 标准工作曲线绘制

将所配制的钾标准系列溶液,以浓度最大的一个定到火焰光度计上检流计为满度(100),然后从稀到浓依序进行测定,记录检流计上的读数。以流计读数为纵坐标,钾的浓度($\mu g \cdot mL^{-1}$)为横坐标,绘制标准曲线。

2. 样品的测定

称取 5.00g 通过 1mm 筛的风干土样,置于 100mL 三角瓶或大试管中,加入 $1mol \cdot L^{-1}$ NH_4OAc 溶液 50mL,塞紧橡皮塞,振荡 30min,定性滤纸过滤。滤液盛于小三角瓶中,同钾标准系列溶液一起在火焰光度计上测定(表 2-24)。记录其检流计上的读数,然后从标准曲线上求得其浓度。

表 2-24 土壤速效钾的诊断指标（$1mol \cdot L^{-1} NH_4OAc$ 浸提）

项目	土壤速效钾含量（$mg \cdot kg^{-1}$）			
	＜50	51～83	84～116	＞116
等 级	极低	低	中	高
钾肥对棉花增产效果	显著	显著	有效果	不显著

四、结果计算

$$土壤速效钾（mg \cdot kg^{-1}） = \rho \times \frac{V}{m}$$

式中：ρ——待测液中钾的浓度,$\mu g \cdot mL^{-1}$;

V——加入浸提剂的体积,mL;

m——烘干土样的质量,g。

五、注意事项

1. 含 NH_4OAc 的 K 标准溶液配制后不能放置过久,以免长霉,影响测定结果。

2. 以土壤速效钾作为钾素指标时,应注意以下问题:

① 速效钾含量容易受施肥、温度、水分、作物吸收影响而变化的数值。因此,不同时期采集的样品难以严格对比。

② 土壤性质(质地、矿物类型)差异较大的土壤所结持的钾的有效性各异(黏性、砂性)。

③ 由于作物耗竭吸收,土壤速效钾降到某一"最低值"以后不再降低,例如钾 70mg $\cdot kg^{-1}$下降到 40mg $\cdot kg^{-1}$,能维持交换性钾最低能力,也就是钾的缓冲能力,不同土壤不一样。

④ 作物在生育过程中吸收溶液中钾,当交换性钾下降到一定水平时,非交换性钾开始释放出来,在盆栽耗竭中可以看出植物吸收的钾可以是交换性钾的几倍。因此,速效钾养分的测定值仅是供互相比较的相对值,无绝对含量的意义。

⑤ 单凭速效性钾含量不够,还应同时考虑缓效性钾。当 2 个土壤的交换性钾含量相近,而缓效性钾含量不同时,缓效性钾含量高的土壤,钾肥往往效果不显著;缓效性钾低时,则相反。当前,根据有关养分有效性和吸收的新概念,认为交换性钾并不是钾的有效度的良好指标。

实验十三　土壤阳离子交换容量测定

　　土壤中阳离子交换作用,早在 19 世纪 50 年代已为土壤科学家所认识。当用一种盐溶液(例如醋酸铵)淋洗土壤时,土壤具有吸附溶液中阳离子的能力,同时释放出等量的其他阳离子如 Ca^{2+}、Mg^{2+}、K^+、Na^+ 等,被称为交换性阳离子。在交换中还可能有少量的金属微量元素和铁、铝,$Fe^{3+}(Fe^{2+})$ 一般不作为交换性阳离子,因为它们的盐类容易水解生成难溶性的氢氧化物或氧化物。

　　土壤吸附阳离子的能力用吸附的阳离子总量表示,称为阳离子交换量(cation exchange capacity,简写作 Q),其数值以厘摩尔每千克土($cmol\cdot kg^{-1}$)表示。土壤交换性能的分析包括土壤阳离子交换量的测定、交换性阳离子组成分析和盐基饱和度、石灰、石膏需要量的计算。

　　土壤交换性能是土壤胶体的属性。土壤胶体包括无机胶体和有机胶体。土壤有机胶体腐殖质的阳离子交换量为 $200\sim400cmol\cdot kg^{-1}$。无机胶体包括各种类型的黏土矿物,其中 2:1 型的黏土矿物(如蒙脱石)的交换量为 $60\sim100cmol\cdot kg^{-1}$,1:1 型的黏土矿物(如高岭石)的交换量为 $10\sim15cmol\cdot kg^{-1}$。因此,不同土壤由于黏土矿物和腐殖质的性质和数量不同,阳离子交换量差异很大。例如东北的黑钙土的交换量为 $30\sim50cmol\cdot kg^{-1}$,而华南的土壤阳离子交换量均小于 $10cmol\cdot kg^{-1}$。这是因为黑钙土的腐殖质含量高,黏土矿物以 2:1 型为主;而红壤的腐殖质含量低,黏土矿物又以 1:1 型为主。

　　阳离子交换量的测定受多种因素影响。例如交换剂的性质、盐溶液的浓度和 pH 等,必须严格掌握操作技术才能获得可靠的结果。作为指示阳离子常用的有 NH_4^+、Na^+、Ba^{2+},亦有选用 H^+ 作为指示阳离子。各种离子的置换能力为 $Al^{3+}>Ba^{2+}>Ca^{2+}>Mg^{2+}>NH_4^+>K^+>Na^+$,$H^+$ 在一价阳离子中置换能力最强。在交换过程中,土壤交换复合体的阳离子,溶液中的阳离子和指示阳离子互相作用,出现一种极其复杂的竞争过程,往往由于不了解这种作用,而使交换不完全。交换剂溶液的 pH 是影响阳离子交换量的重要因素。阳离子交换量是由土壤胶体表面的净负电荷量决定的。无机、有机胶体的官能团产生的正负电荷和数量则因溶液的 pH 和盐溶液浓度的改变而变动。在酸性土壤中,一部分负电荷可能为带正电荷的铁、铝氧化物所掩蔽,一旦溶液 pH 升高,铁、铝呈氢氧化物沉淀而增强土壤胶体负电荷。尽管在常规方法中,大多数都考虑了交换剂的缓冲性,例如酸性、中性土壤用 pH7.0 的缓冲溶液,石灰性土壤用 pH8.2 的缓冲溶液,但是这种酸度与土壤,尤其是酸性土壤原来的酸度可能相差较大而影响结果。

　　最早测定阳离子交换量的方法是用饱和 NH_4Cl 反复浸提,然后从浸出液中 NH_4^+ 的减少量计算出阳离子交换量。该方法在酸性非盐土中包括了交换性 Al^{3+}，即后来所称的酸性土壤的实际交换量（$Q_{+,E}$）。后来改用 $1mol \cdot L^{-1}$ NH_4Cl 淋洗，然后用水、乙醇除去土壤中过多的 NH_4Cl，再测定土壤中吸附的 NH_4^+（Kelly and Brown，1924）。当时还未意识到田间 pH 条件下，用缓冲性盐测定土壤阳离子交换量更合适，尤其对高度风化的酸性土。但根据其化学计算方法，已经发现土壤可溶性盐的存在影响测定结果。后来人们改用缓冲盐溶液如乙酸铵（pH7.0）淋洗，并用乙醇除去多余的 NH_4^+ 以防止吸附的 NH_4^+ 水解。这一方法在国内应用非常广泛，美国把它作为土壤分类时测定阳离子交换量的标准方法。但是，对于酸性土特别是高度风化的强酸性土壤，往往测定值偏高。因为 pH7.0 的缓冲盐体系提高了土壤的 pH，使土壤胶体负电荷增强。同理，对于碱性土壤则测定值偏低。

由于 $CaCO_3$ 的存在，在交换交换清洗过程中，部分 $CaCO_3$ 的溶解使石灰性土壤交换量测定结果大大偏高。对于含有石膏的土壤也存在同样的问题。Mehlich A(1942)最早提出用 $0.1mol \cdot L^{-1}$ $BaCl_2$-TEA（三乙醇胺）pH8.2 缓冲液来测定石灰性土壤的阳离子交换量。在这个缓冲体系中，因 $CaCO_3$ 的溶解受到抑制而不影响测定结果。但是，土壤 SO_4^{2-} 的存在将消耗一部分 Ba^{2+} 使测定结果偏高。Bascomb(1964)改进了这一方法，采用强迫交换的原理用 $MgSO_4$ 有效地代换被土壤吸附的 Ba^{2+}。平衡溶液中离子强度对阳离子交换量的测定有影响，因此在清洗过程中，固定溶液的离子强度非常重要。一般浸提溶液的离子强度应与田间条件下的土壤离子强度大致相同。经过几次改进后，$BaCl_2$-$MgSO_4$ 强迫交换的方法，能控制土壤溶液的离子强度，是酸性土壤阳离子测定的良好方法，也可用于其他各种类型土壤，目前这是国际标准方法。

一、方法原理

阳离子交换量的大小，可以作为评价土壤保水保肥能力的指标，是改良土壤和合理施肥的重要依据之一。

测量土壤阳离子交换量的方法有若干种，这里只介绍一种适用于中性、酸性土壤阳离子交换量的 $1mol \cdot L^{-1}$ 乙酸铵交换法（GB7863—1987）。用 $1mol \cdot L^{-1}$ 乙酸铵溶液（pH7.0）反复处理土壤，使土壤成为 NH_4^+ 饱和土。用 95% 乙醇洗去多余的乙酸铵后，用水将土壤洗入开氏瓶中，加固体氧化镁蒸馏。蒸馏出的氨用硼酸溶液吸收，然后用盐酸标准溶液滴定。根据 NH_4^+ 的量计算土壤阳离子交换量。

二、主要仪器及试剂

1.主要仪器
天平，定氮装置，开氏瓶（150mL），离心机，离心管（100mL），带橡皮头玻璃棒等。

2.试剂
$1mol \cdot L^{-1}$ 乙酸铵溶液（pH7.0）：称取 77.09g 乙酸铵（CH_3COONH_4，分析纯）用水溶解，稀释至近 1000mL。如 pH 不为 7.0，则用 1∶1 氨水或稀乙酸调节至 pH7.0，然后稀释至 1000mL。

95% 乙酸溶液：工业用，必须无 NH_4^+。

液状石蜡（化学纯）。

甲基红-溴甲酚绿混合指示剂：称取 0.099g 溴甲酚绿和 0.066g 甲基红于玛瑙研钵中，

加少量 95％乙醇，研磨至指示剂完全溶解为止，最后加 95％乙醇至 100mL。

20g·L^{-1}硼酸—指示剂溶液：称取 20g 硼酸（H_3BO_3，分析纯），溶于 1000mL 水中。每升硼酸溶液中加入甲基红-溴甲酚绿混合指示剂 20mL，并用稀酸或稀碱调节至紫红色（葡萄酒色），此时该溶液的 pH 为 4.5。

0.05mol·L^{-1} HCl 标准溶液：移取 4.5mL 浓盐酸（分析纯，HCl）于 1000mL 水中，充分混匀。最后用硼砂（分析纯，$Na_2B_4O_7·10H_2O$）标定其浓度至小数第四位（GB/T601—2002）。

标定方法：标定剂硼砂（$Na_2B_4O_7·10H_2O$，分析纯）必须保存于相对湿度 60％～70％的空气中，以确保硼砂含 10 个结合水，通常可在干燥器的底部放置氯化钠和蔗糖饱和溶液（并有二者的固体存在），密闭容器中空气的相对湿度即为 60％～70％。

称取 2.3825g 硼砂溶于水中，定容至 250mL，得 0.05 mol·L^{-1}（1/2$Na_2B_4O_7$）标准溶液。吸取上述溶液 25.00mL 于 250mL 的锥形瓶中，加 2 滴溴甲酚绿-甲基红指示剂（或0.2％甲基红指示剂），用配好的 0.05mol·L^{-1} HCl 标准溶液滴定至溶液变酒红色为终点（甲基红的终点为由黄突变为微红色）。同时做空白试验。盐酸标准溶液的浓度按下式计算，取 3 次标定结果的平均值。

$$c_1 = \frac{c_2 \times V_2}{V_1 - V_0}$$

式中：c_1——盐酸标准溶液的浓度，mol·L^{-1}；

c_2——（1/2$Na_2B_4O_7$）标准溶液的浓度，mol·L^{-1}；

V_2——用去（1/2$Na_2B_4O_7$）标准溶液的体积，mL；

V_1——盐酸标准溶液的体积，mL；

V_0——空白试验用去盐酸标准溶液的体积，mL。

pH10 缓冲溶液：称取 67.5g 氯化铵（分析纯，NH_4Cl）溶于无二氧化碳的水中，加入新开瓶的浓氨水（分析纯，$\rho = 0.9g·mL^{-1}$，含氨 25％）570mL，用水稀释至 1000mL，贮于塑料瓶中，并注意防止吸收空气中的二氧化碳。

K-B 指示剂：称取 0.5g 酸性铬蓝 K 和 1.0g 萘酚绿 B，与的 100g 氯化钠（分析纯，NaCl，105℃预先烘干）一同研细磨匀，越细越好，贮于棕色瓶中。

固体氧化镁：将氧化镁（化学纯）放在镍蒸发皿或坩埚内，在 500～600℃高温电炉中灼烧半小时（使氧化镁中可能存在的碳酸镁转化为氧化镁，提高其利用率，同时防止蒸馏时大量气泡发生），冷却后贮藏在密闭的玻璃器皿内。

纳氏试剂：称取 134g 氢氧化钾（KOH，分析纯）溶于 460mL 水中。另称取 20g 碘化钾（KI，分析纯）溶于 50mL 水中，加入约 3g 碘化汞（HgI_2，分析纯），使溶解至饱和状态。然后将两溶液混合即成。

三、操作步骤

称取通过 2mm 筛的风干土样 2.0g（质地较轻的土壤称 5.0g），放入 100mL 离心管中，沿离心管壁加入少量 1mol·L^{-1}乙酸铵溶液，用橡皮头玻璃棒搅拌土样，使其成为均匀的泥浆状态。再加入 1mol·L^{-1}乙酸铵溶液至总体积约 50mL，并充分搅拌均匀，然后用 1mol·L^{-1}乙酸铵溶液洗净橡皮头玻璃棒，溶液收入离心管内。

将离心管成对放在天平的两盘上，用乙酸铵溶液使之平衡。平衡好的离心管对称地放入离心机中,转速 $3000 \sim 4000 r \cdot min^{-1}$、离心 $3 \sim 5 min$。如不测定交换性盐基,离心后的清液即弃去;如需测定交换性盐基时,每次离心后的清液收集在 250mL 容量瓶中。如此用 $1 mol \cdot L^{-1}$ 乙酸铵溶液处理 $3 \sim 5$ 次,直到最后浸出液中无钙离子反应为止,最后用 $1 mol \cdot L^{-1}$ 乙酸铵溶液定容,留着测定交换性盐基。

往载土的离心管中加入少量 95% 乙醇溶液,用橡皮头玻璃棒搅拌土样,使之成为均匀的泥浆状态。再加 95% 乙醇约 60mL,橡皮头玻璃棒充分搅匀,以便洗去土粒表面多余的乙酸铵,切不可有小土团存在。然后将离心管成对放在粗天平的两盘上,用 95% 乙醇使之质量平衡,并对称地放入离心机中,转速 $3000 \sim 4000 r \cdot min^{-1}$、离心 $3 \sim 5 min$,弃去乙醇溶液。如此反复用乙醇洗 $3 \sim 4$ 次,直至最后 1 次乙醇溶液中无铵离子为止,用纳氏试剂检查铵离子。

洗净多余的铵离子后,用水冲洗离心管的外壁,往离心管内加少量水,并搅拌成糊状,用水把泥浆洗入 150mL 开氏瓶中,并用橡皮头玻璃棒擦洗离心管的内壁,使全部土样转入开氏瓶内,洗入水的体积应控制在 $50 \sim 80 mL$。蒸馏前,往开氏瓶内加入液状石蜡 2mL 和氧化镁 1g,立即把开氏瓶装在蒸馏装置上。

移取 $20 g \cdot L^{-1}$ 硼酸—指示剂溶吸收液 25mL,放入 250mL 锥形瓶中,放置在用缓冲管连接的冷凝管的下端。打开螺丝夹(蒸气发生器内的水要先加热至沸),通入蒸气,随后摇动开氏瓶内的溶液使其混合均匀。打开开氏瓶下的电炉电源,接通冷凝系统的流水。用螺丝夹调节蒸气流速度,使其一致,蒸馏约 20min,馏出液约达 80mL 以后,应检查蒸馏是否完全。检查方法:取下缓冲管,在冷凝管的下端取几滴馏出液于白瓷比色板的凹孔中,立即往馏出液内加 1 滴甲基红-溴甲酚绿混合指示剂,呈紫红色,则表示氨已蒸完,蓝色需继续蒸馏(如加滴纳氏试剂,无黄色反应,即表示蒸馏完全)。

将缓冲管连同锥形瓶内的吸收液一起取下,用水冲洗缓冲管的内外壁(洗入锥形瓶内),然后用盐酸标准溶液滴定。同时做空白试验。

四、结果计算

$$Q_+ = \frac{c \times (V - V_0)}{m_1} \times 100$$

式中:Q_+——阳离子交换量,$cmol \cdot kg^{-1}$;

$\quad c$——盐酸标准溶液的浓度,$mol \cdot L^{-1}$;

$\quad V$——盐酸标准溶液的体积,mL;

$\quad V_0$——空白试验盐酸标准溶液的体积,mL;

$\quad m_1$——烘干土样质量,g。

五、注意事项

1.检查钙离子的方法。移取最后一次乙酸铵浸出液 5mL 于试管中,加入 1mL pH10 缓冲液,加少许 K-B 指示剂。如溶液呈蓝色,表示无钙离子;如呈紫红色,表示有钙离子,还要用乙酸铵继续浸提。

2.用 95% 乙醇洗去多余的乙酸铵时,注意用少量乙醇冲洗并回收橡皮头玻璃棒上黏附的黏粒。

附Ⅴ　$BaCl_2$-$MgSO_4$(强迫交换)法

一、方法原理

用 Ba^{2+} 饱和土壤复合体：

$$\begin{bmatrix} \pm \end{bmatrix}\begin{matrix} Ca^{2+} \\ Mg^{2+} \\ K^+ \\ Na^+ \end{matrix} + nBaCl_2 \rightleftharpoons \begin{bmatrix} \pm \end{bmatrix}\begin{matrix} Ba^{2+} \\ Ba^{2+} \\ B^{++} \end{matrix} + CaCl_2 + MgCl_2 + KCl + NaCl + (n-3)BaCl_2$$

经 Ba^{2+} 饱和的土壤用稀 $BaCl_2$ 溶液洗去大部分交换剂之后，离心称重，求出稀 $BaCl_2$ 溶液量。再用定量的标准 $MgSO_4$ 溶液交换土壤复合体中的 Ba^{2+}。

$$\begin{bmatrix} \pm \end{bmatrix}xBaCl_2 + \begin{cases} yBaCl_2(残留量) \\ zMgSO_4 \end{cases} \Longleftrightarrow \begin{bmatrix} \pm \end{bmatrix}xMg^{2+} + \begin{cases} yMgCl_2 \\ (z-x-y)MgSO_4 \\ (x+y)BaSO_4 \downarrow \end{cases}$$

调节交换后悬浊液的电导率使之与离子强度参比液一致，从加入 Mg^{2+} 总量中减去残留于悬浊液中的 Mg^{2+} 量，即为该样品阳离子交换量。

二、主要仪器及试剂

1. 主要仪器

离心机、电导仪、pH 计。

2. 试剂

$0.1mol \cdot L^{-1} BaCl_2$ 交换剂：称取 24.4g 氯化钡（$BaCl_2 \cdot 2H_2O$，分析纯），溶解于水，定容到 1000mL。

$0.002mol \cdot L^{-1} BaCl_2$ 平衡溶液：称取 0.4889g 氯化钡（$BaCl_2 \cdot 2H_2O$），分析纯溶于水，定容到 1000mL。

$0.01mol \cdot L^{-1}(1/2MgSO_4)$ 溶液：称取 1.232g 硫酸镁（$MgSO_4 \cdot 7H_2O$，分析纯），溶解于水，定容到 1000mL。

离子强度参比液 $0.003mol \cdot L^{-1}(1/2MgSO_4)$：称取 0.3700g 硫酸镁（$MgSO_4 \cdot 7H_2O$，分析纯），溶解于水，定容到 1000mL。

$0.10mol \cdot L^{-1}(1/2 H_2SO_4)$ 溶液：量取浓硫酸（H_2SO_4，分析纯）2.7mL，加蒸馏水稀释至 1000mL。

三、操作步骤

称取风干土样 2.00g 于预先称重过的 50mL 离心管中,加入 0.1mol·L^{-1} $BaCl_2$ 交换剂 20.0mL,用胶塞塞紧,振荡 2h。转速 10000r·min^{-1} 离心 3~5min,小心弃去上层清液。加入 0.002mol·L^{-1} $BaCl_2$ 平衡溶液 20.0mL,用胶塞塞紧,先剧烈振荡,使样品充分分散,然后再振荡 1h,转速 10000r·min^{-1} 离心 3~5min,弃去清液。重复上述步骤两次,使样品充分平衡。在第 3 次离心之前,测定悬浊液的 pH 值(pH_{BaCl_2})。弃去第 3 次清液后,加入 0.01mol·L^{-1}($1/2MgSO_4$)溶液 10.00mL 进行强迫交换,充分搅拌后放置 1h。测定悬浊液的电导率 EC_{susp} 和离子强度参比液 0.003mol·L^{-1}($1/2MgSO_4$)溶液的电导率 EC_{ref}。

若 EC_{susp}<EC_{ref},逐渐加入 0.01mol·L^{-1}($1/2MgSO_4$)溶液,直至 EC_{susp}=EC_{ref},并记录加入 0.01mol·L^{-1}($1/2MgSO_4$)溶液的总体积(V_2)。

若 EC_{susp}>EC_{ref},测定悬浊液的 pH(pH_{susp}),若 pH_{susp}>pH_{BaCl_2} 超过 0.2~3 单位,滴加 0.10mol·L^{-1}($1/2$ H_2SO_4)溶液直至 pH 达到 pH_{BaCl_2};加入去离子水并充分混和,放置过夜,直至两者电导率相等为止。如有必要,再次测定并调节 pH_{susp} 和 EC_{susp},直至达到以上要求,准确称离心管加内容物的质量。

四、结果计算

土壤阳离子交换量 Q_+(CEC,cmol·kg^{-1})

$$=\frac{(加入 Mg 的总量-保留在溶液中的 Mg 的量)\times100}{土样质量}$$

$$=\frac{(0.1+c_2V_2-c_3V_3)\times100}{m}$$

式中:Q_+——土壤阳离子交换量,cmol·kg^{-1};

0.1——用于强迫交换时加入的 0.01mol·L^{-1}($1/2MgSO_4$)溶液 10mL 的厘摩尔数;

c_2——调节电导率时,所用 0.01mol·L^{-1}($1/2MgSO_4$)溶液的浓度,mol·L^{-1};

V_2——调节电导率时,所用 0.01mol·L^{-1}($1/2MgSO_4$)溶液的体积,mL;

c_3——离子强度参比液 0.003mol·L^{-1}($1/2MgSO_4$)溶液的浓度,mol·L^{-1};

V_3——悬浊液的终体积 [$m_1-(m_0+2.00g)$];

m——烘干土样品质量,g。

实验十四　土壤微生物生物量碳的测定

土壤微生物是指生活在土壤中的细菌、真菌、放线菌、藻类的总称。其个体微小,一般以微米或毫微米来计算,通常1克土壤中有$10^6 \sim 10^9$个,其种类和数量随成土环境及其土层深度的不同而变化。它们在土壤中进行氧化、硝化、氨化、固氮、硫化等过程,促进土壤有机质的分解和养分的转化。

土壤微生物生物量(soil microbial biomass),是指土壤中体积小于$5\mu m^3$的活微生物总量,是土壤有机质中最活跃的和最易变化的部分,与土壤资源可持续利用密切关联。耕地表层土壤中,土壤微生物量碳一般占土壤有机碳总量的1%～3%。土壤微生物生物量与土壤中的N、P、K、S等养分的循环关系密切,可直接或间接地反映土壤肥力和土壤环境质量的变化。

土壤微生物生物量碳是指土壤中所有活微生物体中碳的总量,通常占微生物干物质的40%～50%,是反映土壤微生物生物量的重要微生物学指标。

国外许多学者对土壤微生物生物量的测定方法进行了比较系统的研究,但由于土壤微生物的多样性和复杂性,还没有发现一种简单、快速、准确、适应性广的方法。目前土壤微生物生物量测定应用较为广泛的方法主要有熏蒸提取法、底物诱导法、三磷腺苷法及真菌麦角甾醇分析法等。

一、方法原理

传统的土壤微生物生物量测定是基于分离计数法,根据各类微生物数量及大小再折算成干物质质量。但是这种方法不仅费时、费力,而且目前常用的技术方法仅能观测到部分土壤微生物,其应用范围受到极大的限制,不能准确测定出土壤微生物生物量。针对这一问题,Jenkinson和Powlson等(1976)最先提出并建立了土壤微生物生物量碳的熏蒸培养法,为土壤微生物量碳的测定找到了一种较为方便的间接测定方法。但是,该方法对熏蒸灭菌、熏蒸后去除三氯甲烷及培养装置的密闭性、培养条件和时间有严格的要求,而且培养时间较长,不适宜大批量样品的快速分析。在此基础上,Vance等(1987)则建立了土壤微生物生物量碳的三氯甲烷熏蒸$0.5mol \cdot L^{-1}$ K_2SO_4提取—容量分析法(FE)。之后,Wu等(1990)对土壤$0.5mol \cdot L^{-1}$ K_2SO_4提取液有机碳分析方法进行了改进,建立了三氯甲烷熏蒸$0.5mol \cdot L^{-1}$ K_2SO_4提取—仪器分析法,该方法更为快速、简便、精确,适于大批量样品的分析。

三氯甲烷熏蒸提取—容量分析法的基本原理是:新鲜土壤经三氯甲烷熏蒸处理(24h)

后,土壤微生物被杀死,细胞破裂,细胞内容物(微生物生物碳)释放到土壤中,导致土壤中的可提取碳大幅度增加。用一定体积的 0.5mol·L^{-1} K$_2$SO$_4$ 溶液提取土壤,用一定浓度的重铬酸钾-硫酸溶液(过量)氧化微生物生物量碳,用硫酸亚铁来滴定反应剩余的重铬酸钾,通过重铬酸钾消耗的量,计算出土壤全碳含量。根据熏蒸土壤与未熏蒸土壤的有机碳含量的差值及转换系数(k_{EC})计算出土壤微生物生物碳的含量。

二、主要仪器和试剂

1. 主要仪器

恒温培养箱,真空干燥器,真空泵,往复式振荡机,油浴消化装置(包括油浴锅和铁丝笼),聚乙烯塑料瓶、烧杯,三角瓶等。

2. 试剂

无乙醇三氯甲烷:市售的普通三氯甲烷一般都含有少量的乙醇作为稳定剂,使用前需除去。将三氯甲烷与蒸馏水按照 1:2(体积比)混合,放入分液漏斗中,充分摇动 1min,静置,放出下层三氯甲烷,弃去上层的水溶液,如此进行 3 次。将下层的无乙醇三氯甲烷转移存放在棕色瓶中,并加入无水氯化钙,避光保存于 4℃冰箱中备用。

0.5mol·L^{-1}硫酸钾溶液:称取 87.10g 硫酸钾(K$_2$SO$_4$,分析纯),溶于去离子水中,定容至 1000mL(硫酸钾不易溶解,可适当加热,并少量多次进行溶解)。

重铬酸钾(0.018mol·L^{-1})—硫酸(12mol·L^{-1})溶液:称取经 130℃烘干 2~3h 的重铬酸钾(K$_2$Cr$_2$O$_7$,分析纯)5.30g 于 400mL 去离子水中,慢慢加入 435mL 浓硫酸(H$_2$SO$_4$,分析纯),边加边搅拌,冷却至室温后,定容至 1000mL。

0.05mol·L^{-1}重铬酸钾标准溶液:准确称取经 130℃烘干 2~3h 的重铬酸钾(K$_2$Cr$_2$O$_7$,分析纯)2.4515g,溶于去离子水中,定容至 1000mL。

邻菲罗啉指示剂:称取 1.49g 邻菲罗啉(C$_{12}$H$_8$N$_2$H$_2$O,分析纯),溶于 0.7%硫酸亚铁溶液 100mL,密闭保存于棕色瓶中;

0.05mol·L^{-1}硫酸亚铁溶液:称取 13.9g 硫酸亚铁(FeSO4·7H$_2$O,分析纯)溶解于约 800mL 去离子水中,慢慢加入浓硫酸(H$_2$SO$_4$,分析纯)5mL,搅拌均匀,定容至 1000mL,于棕色瓶中保存。此溶液不稳定,使用前需重新标定其浓度。硫酸亚铁溶液浓度的标定:吸取 0.05mol·L^{-1}重铬酸钾标准溶液 20.00mL 于 150mL 三角瓶中,加入约 20mL 去离子水,再加浓硫酸 3mL、邻菲罗啉指示剂 1~3 滴,用硫酸亚铁溶液滴定,根据 FeSO$_4$ 的消耗量即可计算硫酸亚铁溶液的准确浓度。

三、操作步骤

1. 采样与样品预处理

土壤样品的采集方法和基本要求与测定土壤其他性质的原则相同。采集到的新鲜土壤样品应及时捡出其中可见的植物残体、根系及土壤动物(如蚯蚓)等,然后迅速过筛(<2mm)。如果土壤水分含量较高而无法过筛,应在室内避光处自然风干再过筛(风干过程中必须经常翻动土壤,避免局部干燥影响微生物活性)。过筛的土壤样品调节土壤含水量至其田间持水量的 40% 左右。将土壤置于密闭容器中预培养 7~15d,密闭容器内放入两个适中的烧杯,分别加入水和稀 NaOH 溶液,以保持其湿度和吸收释放的 CO$_2$。预培养后的

土壤最好立即分析,或保存于 4℃冰箱中备用。

2.熏蒸

称取 10g 过 2mm 筛的新鲜土样(若在低温下保存的土壤样品需要放置到室温再进行分析)3 份,分别置于 3 只 100 mL 烧杯中,放入真空干燥器内,并在真空干燥器内放置 2～3 只盛有无乙醇三氯甲烷(约占烧杯体积 2/3)的 25mL 小烧杯,烧杯内放几颗防爆沸的干净玻璃珠。同时放入一盛有稀氢氧化钠溶液的小烧杯,以吸收熏蒸期间释放出来的 CO_2。同时,还应放一装水的小烧杯以保持湿度。盖好盖子(用少量凡士林密封干燥器),用真空泵抽气,使干燥器内三氯甲烷沸腾 5min。关闭真空干燥器阀门,在 25℃黑暗条件下培养 24h。

熏蒸结束后,打开干燥器阀门(此时应听到空气进入的声音,否则可能熏蒸不彻底,要重新熏蒸),取出盛有三氯甲烷(三氯甲烷可倒回瓶中重复使用)、氢氧化钠和水的小烧杯,用真空泵反复抽真空 5～6 次,每次 3min,每次抽真空后最好完全打开干燥器的盖子,以除去土壤中残存的三氯甲烷),直至闻不到土壤中的三氯甲烷气味为止。

同时,另外称等量的土壤样品 3 份,置于另一真空干燥器中,做不熏蒸对照处理。

3.浸提

将熏蒸处理过的土壤样品和未进行熏蒸处理的对照土壤样品转移到 200mL 聚乙烯塑料瓶中,加入 40mL 0.5 mol·L⁻¹ 硫酸钾溶液(土水比为 1：4),300r·min⁻¹ 振荡浸提 30min,用定量滤纸过滤。同时设 3 个无土壤基质空白。土壤浸提液最好立即分析,或置于-20℃冷冻保存。

4.测定

准确吸取上述土壤浸提液 5.0mL 于 150mL 消煮管中,准确加入 10mL 重铬酸钾 (0.018mol·L⁻¹)-硫酸(12mol·L⁻¹)溶液,充分混匀,再加入几片小瓷片(经浓盐酸浸泡过夜,并洗净干燥)以防止暴沸,在消化管口上放一小漏斗,以冷凝蒸出的水汽。将消化管放入油浴消化装置煮沸 10min,注意调节使油浴锅温度维持在 170～180℃。取出试管,稍冷却,拭净消化管外部,将消化管内容物转移至 150mL 三角瓶中,用去离子水少量多次洗净消化管和漏斗,并入三角瓶中。加水稀释至～80mL,加入 1～3 滴邻菲罗啉指示剂,然后用 0.05mol·L⁻¹ 硫酸亚铁标准溶液滴定,溶液由橙黄色转变为蓝绿色,再变为棕红色,即为滴定终点。

四、结果计算

1.有机碳量的计算

$$有机碳量/(\mu g \cdot g^{-1}) = \frac{(V_0 - V) \times M \times f \times 12 \times 10^3}{m}$$

式中:V_0——滴定空白样时所消耗的硫酸亚铁溶液的体积,mL;

　　　V——滴定样品时所消耗的硫酸亚铁溶液的体积,mL;

　　　M——0.05mol·L⁻¹硫酸亚铁溶液标定后的准确浓度,mol·L⁻¹;

　　　f——稀释倍数;

　　　12——碳的毫摩尔质量;

　　　10^3——换算系数;

　　　m——为土壤样品折算为烘干土的质量,g。

2.微生物生物量碳的计算

$$微生物生物量碳（B_C）= \frac{E_C}{k_{EC}}$$

式中：E_C——熏蒸与未熏蒸土样有机碳含量的差值，$\mu g \cdot g^{-1}$；

k_{EC}——转换系数，取值 0.38。

五、注意事项

1.三氯甲烷具有致癌作用，使用时应注意在通风柜中进行。

2.土样采集与处理过程中，应注意土样是否混匀，土中杂质（尤其是根与植物残体）是否清除干净等。

3.土壤样品的熏蒸、浸提最好同批进行，浸提液应及时进行分析测定，避免造成数据结果变异加大。

4.三氯甲烷熏蒸提取-容量分析法测定土壤微生物生物量碳总量快速、简便，适合大量样品分析；但是无法确定土壤中不同菌类的数量与比例。

附Ⅵ　熏蒸提取—仪器分析方法

一、方法原理

新鲜土壤经三氯甲烷熏蒸处理(24h)后,土壤微生物被杀死,细胞破裂,细胞内容物(微生物生物碳)释放到土壤中,导致土壤中的可提取碳等大幅度增加。用一定体积的 $0.5mol \cdot L^{-1}$ K_2SO_4 溶液提取土壤,使用总有机碳分析仪测定微生物生物量碳的含量,得出土壤全碳含量。根据熏蒸土壤与未熏蒸土壤的土壤有机碳含量的差值及转换系数(k_{EC})从而计算出土壤微生物生物碳的含量。

二、主要仪器及试剂

1.主要仪器

总有机碳(TOC)分析仪,恒温培养箱,真空干燥器,真空泵,往复式振荡机,油浴消化装置(包括油浴锅和铁丝笼),烧杯,三角瓶,聚乙烯塑料瓶等。

2.试剂

无乙醇三氯甲烷:同前。

$0.5mol \cdot L^{-1}$ 硫酸钾溶液:同前。

系列标准碳溶液:以 $0.5mol \cdot L^{-1}$ 硫酸钾溶液为溶剂,配制碳(C)浓度分别为 10,30,50,70,100 $\mu g \cdot g^{-1}$ 的系列标准溶液。

三、操作步骤

1.采样与样品预处理

土壤样品的采集方法和基本要求与测定土壤其他性质的原则相同。采集到的新鲜土壤样品应及时捡出其中可见的植物残体、根系及土壤动物(如蚯蚓)等,然后迅速过筛(<2mm)。如果土壤水分含量较高而无法过筛,应在室内避光处自然风干再过筛(风干过程中必须经常翻动土壤,避免局部干燥影响微生物活性)。过筛的土壤样品调节土壤含水量至其田间持水量的 40% 左右。将土壤置于密闭容器中预培养 7~15 天,密闭容器内放入两个适中的烧杯,分别加入水和稀 NaOH 溶液,以保持其湿度和吸收释放的 CO_2。预培养后的土壤最后立即分析,或保存于 4℃ 冰箱中备用。

2.熏蒸

称取 10g 过 2mm 筛的新鲜土样(若在低温下保存的土壤样品需要放置到室温再进行分

析)3份,分别置于3只100 mL烧杯中,放入真空干燥器内,并在真空干燥器内放置2~3只盛有无乙醇三氯甲烷(约占烧杯体积2/3)的25mL小烧杯,烧杯内放几颗防爆沸的干净玻璃珠。同时放入一盛有稀氢氧化钠溶液的小烧杯,以吸收熏蒸期间释放出来的CO_2。同时,还应放一装水的小烧杯以保持湿度。盖好盖子(用少量凡士林密封干燥器),用真空泵抽气,使干燥器内三氯甲烷沸腾5min。关闭真空干燥器阀门,在25℃黑暗条件下培养24h。

熏蒸结束后,打开干燥器阀门(此时应听到空气进入的声音,否则可能熏蒸不彻底,要重新熏蒸),取出盛有三氯甲烷(三氯甲烷可倒回瓶中重复使用)、氢氧化钠和水的小烧杯,用真空泵反复抽真空(5~6次,每次3min,每次抽真空后最好完全打开干燥器的盖子,以除去土壤中残存的三氯甲烷),直到闻不到土壤中的三氯甲烷气味为止。

同时,另外称等量的土壤样品3份,置于另一真空干燥器中,做不熏蒸对照处理。

3. 浸提

将熏蒸处理过的土壤样品和未进行熏蒸处理的对照土壤样品转移到100mL聚乙烯塑料离心管中,加入$0.5mol·L^{-1}$硫酸钾溶液40mL(土水比为1:4),$300r·min^{-1}$振荡浸提30min,用定量滤纸过滤。同时设3个无土壤基质空白。土壤浸提液最好立即分析,或置于－20℃冷冻保存(使用前需解冻后摇匀)。

4. 测定

将上述浸提液注入总有机碳分析仪中,即可很方便地获得其有机碳含量。以下以本实验中心使用的有机碳分析仪(Shimadzu TOC-V,Japan)为例,简单介绍仪器的操作方法。

(1)打开载气气源。确认供气压力在300~600kPa之间。载气可以使用高纯空气或者高纯氧气。

(2)打开仪器左下方电源开关。

(3)打开计算机。

(4)打开[TOC-Control V]软件的主菜单。

(5)使用[New System]功能建立需使用的系统;若已经建立则跳过此步骤。

(6)从[TOC-Control V]软件的主菜单中打开[Sample Table Editor]。

(7)联机[Connect](预热时间约30min)。

(8)打开仪器前门,调整载气压力,控制在200kPa。调整载气流速,控制在150mL·min^{-1}。

(9)若要作标准曲线,则先从[New]中选[Calibration Curve]建立标准曲线模板;若要作未知样品,则先从[New]中选[Method],建立方法模板(也可以不在此建立,从[Insert]插入[Sample],然后使用其他标准曲线的参数设置或手动设置);若要作控制样品,则先从New中选[Control Sample Template],建立控制样品模板。若已经建立好所需模板,则跳过此步骤。

(10)打开新的样品表。从New中选[Sample Run],建立新的样品表。软件自动给出新的样品表名。

(11)根据测定需要,从Insert中插入[Calibration Curve]、[Sample]或者[Control],分别对应测定标准曲线、未知样品,或者控制样品。

(12)软件联机。

(13)仪器稳定后,即[Background Monitor]中各项目显示绿色后,点击[Start],开始测定。

（14）从［View］中选择［Sample Window］，可实时看到样品出峰情况。

（15）实验结束。结果自动保存。

（16）关机。从［Instrument］中选择［Standby］，确定后载气立刻停止，可以关闭载气阀门，炉内自动降温，半小时后仪器电源自动关闭。

（17）做好仪器和实验室的清洁卫生工作。

四、结果计算

$$微生物生物量碳（B_C）=\frac{E_C}{k_{EC}}$$

式中：E_C——熏蒸与未熏蒸土样有机碳含量的差值，$\mu g \cdot g^{-1}$；

　　　　k_{EC}——转换系数，取值 0.38。

实验十五 土壤脲酶活性的测定(靛酚蓝比色法)

土壤酶(soil enzyme)是土壤中引发专一生物化学反应的生物催化剂。土壤酶是参与土壤新陈代谢的重要物质,参与土壤中各种生物化学过程,如腐殖质的分解与合成;动植残体和微生物残体的分解,及有关合成有机化合物的水解与转化;某些无机化合物的氧化、还原反应。

土壤酶主要来自于微生物细胞,也可以来自于动植物残体。包括游离的酶,如生活细胞产生的外酶,细胞裂解后释放出来的内酶,也有束缚在细胞上的酶。土壤中的酶同生活着的微生物细胞一起推动着物质转化。在碳、氮、硫、磷等各类元素的物质循环中有土壤酶的作用,特别是在有机残体的分解和某些无机化合物转化的开始阶段,以及在不利于微生物繁殖的条件下,土壤酶发挥了重要作用。

土壤酶较少游离在土壤中,主要吸附在土壤有机质和矿质胶体上,并且以复合物状态存在,部分存在于土壤溶液中。土壤有机质吸附酶的能力大于矿质,土壤微团聚体中的酶活性比大团聚体的强,土壤细粒级部分比粗粒级部分吸附的酶多。酶与土壤有机质或者黏粒结合,固然对酶的动力学性质有影响,但它也因此受到保护,增强它的稳定性,防止被蛋白酶或钝化剂降解。

土壤酶以测定各种酶的活性来表征。土壤酶作为土壤的组成部分,其活性的大小较灵敏地反映了某一种土壤生态状况下生物化学过程的方向和相对强度;测定相应酶的活性,可以间接了解某种物质在土壤中的转化情况。因此土壤酶的活性可以做土壤肥力、土壤质量以及土壤健康的重要指标。

在土壤中很难将生活细胞的酶活性与不依赖生活细胞的土壤酶活性完全加以区别,因此研究土壤酶活性有不少困难。一般的方法是加入抑菌剂或经 γ 射线照射土壤,再加入一定量的基质,在一定条件下培养,测定单位时间内反应产物生成量或所加基质的减少量,以此结果来表示土壤酶的活性。

在土壤中积累的酶类型很多,研究较多的有氧化还原酶、转化酶和水解酶,每一类酶中又有许多种。氧化还原酶类具有氧化脱氢等作用,包括脱氢酶、葡萄糖氧化酶、醛氧化酶、脲酸氧化酶、联苯氧化酶等;水解酶类包括羧基酯酶、芳基酯酶、酯酶、磷酸酯酶、核酯酶、核苷酸酶等,具有水解酸酯等功能;转移酶,例如葡聚糖蔗糖酶、果聚糖蔗糖酶、氨基转移酶等,具有转移糖基或氨基作用;裂解酶具有裂解氨基酸作用,包括天冬氨酸脱羧酶、谷氨酸脱羧酶、芳香族氨基酸脱羧酶等。不同的酶有不同的测定方法。

大多数细菌、真菌和高等植物均具有脲酶。它是一种作用于线型酰胺的 C—N 键(非肽)的水解酶,能酶促有机质分子中肽键的水解,酶促土壤中的尿素水解成氨。土壤脲酶的活性与土壤中微生物的数量、有机质含量、全氮和速效氮含量呈正相关,人们常用土壤脲酶的活性表征土壤的氮素状况。

一、方法原理

脲酶是一种高度专性的酶,能促进尿素水解,反应式为:

$$CO(NH_2)_2 + H_2O \longleftrightarrow CO_2 \uparrow + 2NH_3$$

因此,土壤中脲酶活性的测定是以尿素为基质,经酶促反应后测定生成的氨或二氧化碳的量,也可以通过测定未水解的基质尿素量来求得。

二氧化碳的测定一般是以 ^{14}C 标志的尿素作为基质,测定单位时间内尿素水解产物 H_2CO_3 的增加量,然后换算成二氧化碳的量来表示脲酶活性。由于所用基质要进行同位素标记,测定也需要使用特殊仪器设备,一般实验室不具备相应的条件。因此不常采用此法。

氨的测定有比色法、氨气敏电极法,扩散法等。比色法(包括纳氏试剂比色法、靛酚蓝比色法)以尿素为基质,根据尿酶酶促反应产物氨与纳氏试剂或苯酚—次氯酸钠作用,产生特定的产物进行比色测定。此方法的结果精确性较高,重现性较好。

本实验采用靛酚蓝比色法。被测物浸提剂中的 NH_4^+,在强碱性介质中与次氯酸盐和苯酚反应,生成水溶性染料靛酚蓝,其深浅与溶液中的 NH_4^+-N 含量呈正比,线性范围为 $0.05\sim0.5mg \cdot L^{-1}$ 之间。

二、主要仪器及试剂

1. 主要仪器

生化培养箱,可见分光光度计,容量瓶等。

2. 试剂

甲苯:C_7H_8,分析纯试剂。

10%尿素溶液:称取 10g 尿素,用去离子水溶解,定容至 100mL。

枸橼酸盐缓冲液(pH6.7):称取 184g 枸橼酸($C_6H_8O_7$,分析纯)溶于 300mL 水中,另外称取 147.5g 氢氧化钾(KOH,分析纯)溶于 500mL 水中。将两溶液合并,用 $1mol \cdot L^{-1}$ 氢氧化钠溶液调节 pH 至 6.7,用水稀释至 1000mL。

$1.35mol \cdot L^{-1}$ 苯酚钠溶液:称取 62.5g 苯酚(C_6H_6O,分析纯)溶于少量无水乙醇,加入 2mL 甲醇(CH_3OH_7,分析纯)和 18.5mL 丙酮(C_3H_6O,分析纯),用无水乙醇稀释至 100mL,此为 A 溶液,存于冰箱中;称取 27g 氢氧化钠(NaOH,分析纯),溶于 100mL 水,此为 B 溶液,保存在冰箱中。使用时,分别取 A 溶液与 B 溶液各 20mL,混合均匀,稀释至 100mL。

次氯酸钠溶液:用水稀释次氯酸钠(NaClO)试剂,至活性氯的浓度为 0.9%,溶液稳定。

$100\mu g \cdot mL^{-1}$ 氮标准溶液:精确称取 0.4717g 硫酸铵[$(NH_4)_2SO_4$,分析纯],溶于水并定容至 1000mL。

三、操作步骤

1. 标准曲线的测定

先移取 $100\mu g\cdot mL^{-1}$ 氮标准溶液 10mL 至 100mL 容量瓶中,定容。从其中分别移取 0, 1.00,3.00,5.00,7.00,10.00mL 至 50mL 比色管中,加水至 20mL,加入 $1.35mol\cdot L^{-1}$ 苯酚钠溶液 4mL,充分混合。再加入 3mL 次氯酸钠溶液,充分摇荡。放置 20min 后,用水稀释至刻度。用 1cm 比色皿于波长 578nm 处,以试剂空白为参比,测定显色液的吸光度值。以标准溶液氮含量为横坐标,以吸光度值为纵坐标绘制标准曲线。

2. 添加基质培养试验

分别称取 10g 风干土样(过 1mm 筛)于 3 个 100mL 容量瓶中,并分别加入 2mL 甲苯(以使土样全部湿润为宜)。放置 15min 后,加入 10%尿素溶液 10mL 和 20mL 枸橼酸盐缓冲液(pH6.7),摇匀。将锥形瓶放入 38℃恒温培养箱中,培养 3h(若脲酶活性 NH_4^+-N 小于 $3\mu g\cdot g^{-1}$,则培养时间增长至 24h)。之后,用加热至 38℃的水稀释至刻度,充分摇荡,并将悬液过滤,滤液备用。

同时,对每一土壤样品设置用等体积水代替基质的无基质对照组;对照整个试验,设置无土壤样品的无土对照组。

3. 脲酶活性的测定

分别吸取 1mL 滤液于 3 个 50mL 比色管中,加水至 20mL,加入 $1.35mol\cdot L^{-1}$ 苯酚钠溶液 4mL,充分混合。再加入 3mL 次氯酸钠溶液,充分摇荡。放置 20min 后,用水稀释至刻度。用 1cm 比色皿于波长 578nm 处,以试剂空白为参比,测定显色液的吸光度值。将样品测得吸光度值减去对照样品的吸光度值,在标准曲线上上查出 NH_4^+-N 的含量。

四、结果计算

土壤脲酶活性以每 100g 土壤中 NH_4^+-N 的毫克数表示,其计算公式如下:

$$土壤脲酶活性(mg\cdot 100g^{-1}) = \frac{(C_{样品} - C_{无土} - C_{无基质}) \times V \times 10 \times 10}{dwt}$$

式中:$C_{样品}$——样品的吸光度值在标准曲线上对应的 NH_4^+-N 浓度,$mg\cdot mL^{-1}$;

$C_{无土}$——无土对照试验样品的吸光度值在标准曲线上对应的 NH_4^+-N 浓度,$mg\cdot mL^{-1}$;

$C_{无基质}$——无基质对照试验样品的吸光度值在标准曲线上对应的 NH_4^+-N 浓度,$mg\cdot mL^{-1}$;

V——土壤溶液的体积,mL;

10——土壤溶液的稀释倍数;

dwt——烘干土质量,g。

五、注意事项

1. 实验用水要求为无氨水。在每升蒸馏水中加入 0.1mL 浓硫酸,进行重蒸馏,或者采用离子交换法(使蒸馏水通过强酸型阳离子交换树脂,适用于制备大量无氨水)。

2. 显色过程中各种试剂加入的顺序很重要,不可弄错。

3. 不同土壤脲酶活性相差较大,相应的培养时间可适当延长或缩短,以求得理想的结果。

实验十六　土壤剖面性状观察

　　土壤剖面指从地表到母质的垂直断面。不同类型的土壤,具有不同形态的土壤剖面。土壤剖面可以表示土壤的外部特征,包括土壤的若干发生层次、颜色、质地、结构、新生体等。在土壤形成过程中,由于物质的迁移和转化,土壤分化成一系列组成、性质和形态各不相同的层次,称为发生层。发生层的顺序及变化情况,反映了土壤的形成过程及土壤性质。

　　土壤剖面一般都表现出一定程度的水平层状构造,在野外以其颜色、质地、结构及松紧度、新生体等区分。层状结构为其最重要特征,是土壤形成及其物质迁移、转化和累积的表现。一般划分3个最基本层次:①表土层(A层),受生物气候或人类活动影响形成的有机质积累和物质淋溶表层,是熟化土壤的耕作层。在森林覆盖地区有枯枝落叶层(O层);②心土层(B层),也叫淀积层,为淋溶物质淀积层,由承受表土淋溶下来的物质形成的;③底土层(C层),又称母质层,是土壤中不受耕作影响,保持母质特点的一层。这3个基本层最早由俄国土壤学家B.B.道库恰耶夫命名的。

　　观察和了解土壤剖面是认识土壤、分析鉴定土壤肥力,制定耕作措施的最重要方法之一。

一、主要仪器及试剂

1.仪器
土铲,手锄,土钻,剖面刀,土壤坚实度计,土壤色卡,便携式土壤酸度计,卷尺,土壤标本盒,塑料袋等

2.试剂
1.5%铁氰化钾,1:9盐酸溶液等。

二、剖面观察步骤

1.剖面挖掘与修整
(1)剖面挖掘
选择有代表性的地块(可以根据地形、地势、耕作栽培及土壤类型等)确立观察点,避免选在路、渠边,粪堆上或易被人干扰的地段,进行剖面的挖掘。

　　剖面的大小要根据观察的要求来定。例如,了解土壤的形成发育要挖大一些(长1.5~2.0米,宽0.6~0.8米,深1.5米左右);了解土壤与农作物生长关系,可挖小一些(长1.2~1.5米,宽0.6~0.8米,深1.0米左右)。深度要求达到母质层或地下水位为度(图2-11)。

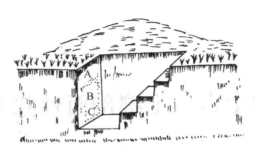

图 2-11　土壤剖面观察坑示意图

选取土坑一端的壁面为观察壁面,要求向阳,而在另一端做好阶梯,以便下坑观察。

掘坑时,应将表土堆于一侧,下层土壤堆于另一侧。观察完毕后,应将底土仍填回下层,表土填回到上层。观察壁面的上部不允许堆土或踩踏。

(2)剖面修整

土坑挖成后,将观察壁面用土铲向下垂直铲平,然后用切土刀自上而下轻轻拨落表面土块,以便露出自然结构面。修整剖面时,可保留一部分已铲平之壁面,因为平整的壁面易于分清各土层的界限。

如需要采取底土的土壤标本。则应在修整剖面前采取,以免修整时污染底层土壤。

2.剖面观察与土层划分

观察剖面时,一般要先在远处看,这样容易看清楚全剖面的土层组合。然后再走近仔细观察,并根据各个剖面的颜色、质地、结构、紧实度、根系的分布、新生体等的变化,参考环境因素,推断土壤发育过程,具体划分出各个发生层次,用卷尺量出各层深度(以厘米计)丘陵、山区土壤,要记录底部半风化母质及母岩的层位。水田土壤可分为耕作层(A层)、犁底层(P层)、潴育层(W层)和潜育层(G层)等层次,特别应注意耕作层的深度、特殊层次或障碍层次(如白土层、泥炭层、潜育层、砂黏夹层、铁盘和砂姜层等)出现的深度、厚度和危害程度,以及地下水位深度的记载。最后可在记录本上勾画土体构型,显示其主要特点。

3.土壤性状的观察和记载

在记录剖面特征前,应先记录环境条件,然后对各发生层逐层详细描述,并进行一些理化性质的现场速测。

(1)颜色。土壤颜色是土壤形态中最易察觉的一种,从颜色可以大致了解土壤的肥力高低、土壤发育的程度和土壤中的物质组成。

土壤颜色是土壤物质成分和内在性质的外部反映,是土壤发生层次外表形态特征最显著的标志。许多土壤类型的名称都以颜色命名,例如黑土、红壤、棕壤、褐土、紫色土等。

土壤颜色在一定程度上可反映出土壤的物质组成及含量。如土壤越深黑,表示土壤有机质含量越高;颜色越浅,有机质含量越低。土壤矿物质种类和含量也影响土壤颜色。土壤含氧化铁多时,呈红色;含水氧化铁多时,土壤变黄;氧化亚铁多时,就变青灰。石灰、二氧化硅和可溶性盐多时,土壤变白。此外,土壤含水量多时,会使土壤发暗发深。因此观察土壤颜色时,要注意土壤湿度。记载土色时,可反映自然状态的颜色。由于土壤是一个不均匀体,往往土色混杂,记载时主色在后,次色在前。如土壤以棕色为主,次色为灰色,可记为灰棕色。

使用标准土色卡进行土壤颜色的比较和确定颜色名称时,应在明亮光线下进行,但不宜在阳光下。土样应是新鲜而平的自然裂面,而不是用刀削平的平面。碎土样的颜色可能与自然土体外部的颜色差别很大,湿润土壤的颜色与干燥土壤的颜色也不相同,应分别加以测定,一般应描述湿润状态下的土壤颜色。

(2)湿度。土壤湿度即土壤干、湿程度。通过土壤湿度的观测,不但可了解土壤的水分状况和墒情,而且有利于判断土壤颜色、松紧度、结构、物理机械性等,因此,在土壤剖面描述中必须观测土壤湿度。

在野外可以用速测方法测定湿度,但通常只是用眼睛和手来观察和触测,其标准可分为:干、润、湿润、潮湿、湿五级。

①干:土样放在手掌中,感觉不到有凉意,无湿润感,捏之则散成面,吹时有尘土扬起。

②润:土样放在手中有凉润感,但无湿印,吹气无尘土飞扬,手捏不成团,含水量约8%～12%。

③湿润:土样放在手中,有明显湿润感觉,手捏成团,扔之散碎。

④潮湿:土样放在手中,有明显湿痕,能捏成团,扔之不碎,手压无水流出,土壤孔隙50%以上充水。

⑤湿:土壤水分过饱和,手压能挤出水。

(3)结构。在自然条件下,土壤被手或其他取土工具轻触而自然散碎成的形状,即土壤的结构体。在野外常见的有:块状、核状、棱柱状、片状、团粒等。

①块状结构:近立方体,纵横轴大致相等,边面的棱角不明显,按其大小又可分为大块状结构(轴长大于 5cm)、块状结构(轴长 3～5cm)和碎块状结构(轴长 0.5～3cm),这种结构在土壤质地黏重,缺乏有机质表土中常见,特别是土壤过湿或过干时最易形成。

②核状结构:近立方体型,边面的棱角明显,轴长 0.5～1.5cm,在黏土而缺乏有机质心、底土层中出现较多。

③柱状结构:纵轴远大于横轴在土体中呈直立状态,按棱角明显程度分为两种,棱角不明显称为柱状结构,棱角明显称为棱柱状结构,这类结构往往在心土层、底土层出现,在干湿交替作用下形成的碱化土和碱土的心土中常有柱状结构。

④片状结构:横轴远大于纵轴,呈扁平薄片状,在耕地犁底层中常见到。此外在雨后或灌水后所形成的地表结壳和板结层也属于片状结构。

⑤团粒结构:团粒结构近似球形,疏松多孔的小团聚体,其直径约为 0.25～10mm,粒径在 0.25mm 以下称为微团粒。

(4)质地。野外鉴定土壤质地,一般用目视手测的简便方法。此法虽较粗放,但在野外条件下还是比较可行的。鉴定者过长期摸练,也可达到基本鉴别质地类别的目的。

土壤质地的鉴别应注意"细土"部分的鉴定和描述。鉴定质地时,先边观察,边手摸,以了解在自然湿度下的质地触觉。然后和水少许,进行湿测,再按"实验四"中附Ⅲ的方法确定质地,填入记载表。

(5)坚实度。是反映土壤物理性状的指标。可用土壤坚实度计来测试,也可用采土工具(剖面刀、取土铲等)测定土壤松紧度。其标准可概括如下:

①极紧实:用土钻或土铲等工具很难楔入土体,加较大的力也难将其压缩,用力更大即行破碎。

②紧实：土钻或土铲不易压入土体，加较大的力才能楔入，但不能楔入很深。

③稍紧实：用土钻、土铲或削土刀较易楔入土体，但楔入深度仍不大。

④疏松：土钻、削土刀很容易楔入深度大，易散碎，加压力土体缩小较显著，湿时也呈松散状态。

⑤极松：土钻能自行入土，例如砂土的表层土壤。

(6)孔隙状况。土壤剖面描述孔隙时，必须对孔隙的大小、多少和分布特点，进行仔细地观察和评定。

土壤孔隙的大小分级标准：①小孔隙：孔隙直径＜1mm；②中孔隙：孔隙直径1～2mm；③大孔隙：孔隙直径2～3mm。

土壤孔隙的多少，用孔隙间距的疏密或单位面积上孔隙的数量来划分，一般分为：①少量孔隙：孔隙间距约1.5～2cm，2.5cm² 面积上有1～3个孔隙；②中量孔隙：孔隙间距约1cm左右，10cm² 面积上有50～200个孔隙；③多量孔隙：孔隙间距约0.5cm，10cm² 内有200个以上的孔隙。

土壤孔隙形状有：①海绵状：直径3～5mm。呈网纹状分布；②穴管孔：直径5～10mm，为动物活动或植物根系穿插而形成的孔洞；③蜂窝状：孔径大于10mm，系昆虫等动物活动造成的孔隙，呈现网眼状分布。

在观察孔隙时，对土壤中裂隙也应加以描述。裂隙指结构体之间的裂缝，其大小可划分为：①小裂缝：裂缝宽度＜3mm，多见于结构体较小的土层中；②中裂缝：裂缝宽3～10mm，主要存在于柱状、棱柱状结构体的土层中；③大裂缝：裂缝宽度＞10mm，多见于柱状、棱柱状结构的土层内；寒冷地区的冰冻裂缝也大于10mm。

(7)新生体。新生体不是成土母质中的原有物质，而是指土壤形成发育过程中所产生的物质。比较常见的新生体有石灰结核、石灰假菌丝体、石灰霜、盐霜、盐晶体、盐结皮、铁锰硬盘、黏土硬盘等。新生体的种类、形态在状态和成分，因土壤形成过程与环境条件而异。

描述新生体时，要指明是什么物质，存在形态、数量、分布状态及颜色等特征。

(8)游离碳酸钙。在野外观察土壤剖面时，应该用1：9的稀盐酸约测，根据滴加盐酸后所发生的泡沫反应强弱，判断碳酸钙含量的多少，一般分为无气泡、徐徐放出细小气泡、明显放出气泡、急剧发生气泡呈沸腾状四级，分别记录为无(－)、弱(＋)、中(＋＋)，强(＋＋＋)。

(9)侵入体。指由于人为活动由外界加入土体中的物质，它不同于成土母质和成土过程中所产生的物质。常见的侵入体有砖瓦碎片、陶瓷片、灰烬、炭渣、煤渣、焦土块、骨骼、贝壳、石器等。

观察侵入体，首先要辨别人类活动加入土体的物质，还是土壤侵蚀再搬运沉积的物质。由于其来源的不同，可说明土壤形成发育经历过程的差异。对侵入体的观察和描述，不但要弄清是什么物质、数量多少、个体大小、分布特点，而且应探讨其成因，这样做有助于对成土过程的深入了解。

(10)根系分布。植物根系的种类、多少和在土层中的分布状况，对成土过程和土壤性质有重要作用，因此，在土壤剖面的形态描述中，必须观察描述植物根系。

植物根系的观察、描述，主要应分清根系的粗细和含量的多少，可按照表2-25加以记载。此外，若某土层无根系，也应加以记载。

表 2-25　植物根系分等标准

按植物根系的粗细分等				按植物根系的含量多少分等		
极细根	细根	中根	粗根	少量根	中量根	多量根
直径小于 1mm,如禾本科植物的毛根	直径 1～2mm,如禾本科植物的须根	直径 2～5mm,如木本植物的细根	直径大于 5mm,如木本植物的粗根	土层内有少量根系,每平方厘米有 1～2 条根系	土层内有较多根系,每平方厘米有 5 条以上根系	土层内根系交织密布,每平方厘米根系在 10 条以上

(11)酸碱度及速效养分。剖面观测中,速测土壤的 pH 值不但可帮助了解土壤的性质,而且可作为土壤野外命名的参考。

测定方法可采用便携式土壤 pH 计,也可使用混合指示剂比色法,或用 pH 值广泛试纸速测法,确定其 pH 值的大小,从而判断该土属于酸性、微酸性、中性、微碱性或碱性。

(12)亚铁反应。取一小块新鲜土块,加 1:9 盐酸溶液 1～2 滴,然后加 1～2 滴 1.5% 铁氰化钾,观察颜色变化(如有蓝色产生,标明有亚铁的存在)。观察颜色的深浅,颜色越深,表明亚铁含量越高。

三、实验报告

剖面编号		剖面地点			土壤名称								
地形					地下水位								
成土母质					侵蚀情况								
排灌情况					农用地状况								
石灰反应深度和特点					施肥情况								
剖面示意图													
土层代号	深度/cm	颜色	湿度	质地	结构	pH 值	坚实度	孔隙状况	新生体	侵入体	根系分布	游离碳酸钙反应	亚铁测定

土壤农业生产状况综合评定:

调查人:　　　　　　　　　　　　　　　　　　　　　　　　年　　月　　日

第三篇 植物营养学实验

植物营养学是研究植物对营养物质的吸收、运输、转化和利用的规律及植物与外界环境之间营养物质和能量交换的学科。其主要任务是阐明植物体与外界环境之间营养物质交换和能量交换的具体过程，以及营养物质运输分配和能量转化的规律，并在此基础上通过合理施肥的手段为植物提供充足的养分，创造良好的营养环境，或通过改良植物遗传特性的手段来调节植物体的代谢，提高植物营养效率，从而达到提高作物产量和改善产品品质的目的。

　　植物营养学的研究范畴包括：植物营养生理学，植物根际营养，植物营养遗传学，植物营养生态学，植物的土壤营养，肥料学以及现代施肥技术。

实验一　肥料样品的采集、制备与保存

正确的采样方法是整个肥料分析工作的前提和基础。肥料因其种类、状态、均匀性等差异,必须采用正确的采样方法才能得到一个有代表性的分析样品。应根据肥料的种类、性质、研究要求(如各种绿肥的样品采集器和部位)的不同,采用不同的采样方法。

一、无机肥料样品的采集、制备与保存

1.无机肥料样品的采集

无机肥料的品种很多,状态也各有不同,有固态的、液态的;有均匀性好的,也有均匀性比较差的。如何在大批量肥料中选取具有代表性的,能反映这批肥料情况的分析样品,是一件细致而艰巨的工作。因此,采样时必须根据肥料的运输、包装、批号等情况决定取样的方法和数量。在国家或部颁的各种化学分析标准中,均有相应的规定方法。

对于固体包装肥料,样品采集时应在每一包装或几个包装中分别采取一小部分,然后混合均匀。具体取样方法是:先将固体肥料包装袋放平,然后翻动几次,再在口角上拆开一小口,用取样器按对角线方向插入袋内 3/4 处,转动取样器,使槽口朝上,将肥料装入取样器内,取出肥料后将其装入塑料袋或瓶内。待各包装的样品取齐后,把所取肥料样品混合均匀,用四分法分取 250～500g,盛入干燥清洁的磨口瓶中,瓶外贴上标签,注明肥料名称、产品等级、产品批号、生产厂家、采样日期、采样人、样品来源等信息。大批量固体肥料取样时,可在全部件数总量中抽取 2%件数(取样数不少于 10 件),然后按上述方法步骤取样、处理(表 3-1)。

表 3-1　袋装化肥的取样袋数

每批袋数（n）	取样袋数	每批袋数（n）	取样袋数
1～10	全部袋数	182～216	18
11～49	11	217～254	19
50～64	12	255～296	20
65～81	13	297～343	21
82～101	14	344～394	22
102～125	15	395～450	23
126～151	16	451～512	24
152～181	17	≥512	$3\sqrt[3]{3}$

散装化学肥料取样点数视化肥多少而定。一般按照车船载重量或堆垛面积大小,确定若干均匀分布的取样点,从各个不同部位采集。为了保证样品的代表性,取样点应不少于10个,取样量和样品的处理方法同上。

液体肥料样品(均匀的水溶液)采集时,对大件容器贮运的液体肥料可在其任意部位抽取需要的样品数量。但对一些不均匀的液体肥料可在容器的上、中、下各部位取样,所取平均样品不少于500mL,然后将其装入密封的玻璃瓶中,同上处理保存。对于用罐、瓶、桶贮运的液体肥料,可按总件数的5%取样,但取样数量不得少于3件,平均样品不少于500mL。

2.无机肥料样品的制备

肥料因其种类和分析要求的不同,在制样时亦有所不同。

小颗粒或粉状均匀性较好的肥料(如硫酸铵、氯化铵、尿素、氯化钾、硫酸钾等),可充分混匀后直接称样分析。

块状肥料,如未经磨碎的钢渣磷肥、熔成磷肥、钙镁磷肥、脱氟磷肥、结块的过磷酸钙、重过磷酸钙等磷肥,在分析前逐步击碎缩分至20g左右,研磨全部通过100目筛,贮存作为有效磷分析样品;复混肥则磨碎过0.5~1mm筛。

在分析以矿石形态存在的磷矿石、钾长石的磷钾含量时,将矿石逐步击碎缩分至20g左右,研磨至全部通过120~170目筛,混合均匀,贮存备用。

二、有机肥料样品的采集、制备与保存

1.有机肥料样品的采集

有机肥料种类多,成分复杂,均匀性差,给采样带来很大困难,采用正确的采样方法才能得到一个有代表性的分析样品。应根据肥料的种类、性质、研究要求(如各种绿肥的样品采集器和部位)的不同,采用不同的采样方法。

在室外呈堆积态的有机肥料,如堆肥、厩肥、草塘泥、沤肥等,必须进行多点采样,采样点的分布应考虑到堆的上、中、下,以及堆的内、外层,或者在翻堆时进行采样,点多少视堆的大小而定。一般的,一个肥料堆可取20~30点,每点取样500g,置于塑料布上,将大块肥料捣碎,充分混匀后,以四分法取约5000g,装入塑料袋中,并编号。

对于新鲜绿肥样品,在绿肥生长比较均匀的田块中央,按"S"型随机布点,共取10个点,每点采样均匀一致的植株5~10株,带回室内处理。随放置时间延长其成分会有变化,因此采集的样品必须及时制备。除 NH_4^+-N、NO_3^--N 或有特定要求的需要采用新鲜样品的以外,一般均采用干样。

2.有机肥料样品的制备

对于堆肥、厩肥、草塘泥、沤肥等,带回室内摊放在塑料布上,进行风干处理,将长的植物纤维剪细,肥料块捣碎均匀,用四分法缩分至250g左右,再进一步磨细并通过40目筛,混匀,贮于磨口瓶中,瓶外贴上标签,注明有关事项即可。同时称重,计算其含水量,以作为计算其养分含量时的换算系数。

对于新鲜绿肥,采得的样品一般需要洗涤,否则可能引入泥土、施肥喷药等的污染,这对微量营养元素如铁、锰等的分析尤为重要。

测定易起变化的成分(例如硝态氮、氨基态氮、氰、无机磷、水溶性糖、维生素等)须用新鲜样品,鲜样品如需短期保存,必须在冰箱中冷藏,以抑制其变化。分析时将洗净的鲜样剪

碎混匀后立即称样,放入瓷研钵中与适当溶剂(或再加石英砂)共研磨,进行浸提测定。

　　测定不易变化的成分则常用干燥样品。洗净的鲜样必须尽快干燥,以减少化学和生物的变化。如果延迟过久,细胞的呼吸和真菌的分解都会消耗组织的干物质而致改变各成分的质量分数,蛋白质也会裂解成较简单的含氮化合物。杀酶要有足够的高温,但烘干的温度不能太高,以防止组织外部结成干壳而阻碍内部水分的蒸发,而且高温还可能引起组织的热分解或焦化。因此,分析用的植物鲜样要分两步干燥,通常先将鲜样在 80～90℃鼓风烘箱中烘 15～30min(松软组织烘 15min,致密坚实的组织烘 30min),然后将温度降至 60～70℃,逐尽水分。时间须视鲜样水分含量而定,大约 12～24h。

　　干燥的样品可用研钵或带刀片的(用于茎叶样品)或带齿状的(用于种子样品)磨样机粉碎,并全部过筛。分析样品的细度须视称样的大小而定,通常可用圆孔直径为 1mm 的筛;如称样仅 1～2g 者,宜用 0.5mm 的筛;称样<1g 者,须用 0.25 或 0.1mm 筛。磨样和过筛都必须考虑到样品玷污的可能性。样品过筛后须充分混匀,保存于磨口广口瓶中,内外各贴放一样品标签。

　　样品在粉碎和贮存过程中又将吸收一些空气中的水分,所以在精密分析工作中,称样前还须将粉状样品在 65℃(12～24h)或 90℃(2h)再次烘干,一般常规分析则不必。干燥的磨细样品必须保存在密封的玻璃瓶中,称样时应充分混匀后多点勺取。

实验二　性能不稳定化肥中水分的测定

　　各种肥料中含水量的测定是评价肥料品质、计算肥料中有效成分含量及其施用量的重要依据,因此,测定水分是通常的分析项目。肥料中水分的形态一般包括游离态、吸湿态和结晶态等,通常均将其作为水分的总量来进行测定,对于含有结晶水及挥发性物质的肥料,其水分的测定比较困难,必须用特殊方法测定。

　　无机肥料的水分是指外来水分,例如游离水和吸湿水,一般不包括化肥本身的结构水和结晶水。商品化肥除了对养分元素含量做具体规定之外,对水分、粒度和抗压强度等也有严格的质量标准要求。但肥料在运输贮存过程中可能由于保存不当,水分变化较大,在养分含量分析时,为了使分析结果能够互相比较,需要测定其水分含量以计算样品的养分含量。

　　无机化肥水分含量的测定,一般可采用105℃烘干法。由于无机肥料比较复杂,各种肥料的热稳定性不同,水分组成不同,有些除需要加热外,还需要降低气压,例如60℃或常温减压恒重法;而有些肥料只能采用特殊的方法,例如卡尔·费休法或电石法等。因此,必须根据化肥的性能选择不同的测定方法(表3-2)。

表 3-2　不同化肥水分测定方法

测定方法	化肥的性能	化肥的种类
100～105℃烘干法	性能稳定	硫酸钾、氯化钾、硝酸钾、硫酸铵、氯化铵、硝酸钠、过磷酸钙、钢渣磷肥、钙镁磷肥、磷矿分等
卡尔·费休法	加热易分解,含结晶水,易吸潮	尿素、碳酸氢铵、硝酸铵、复混肥、硝酸磷肥等
20～60℃真空干燥法	加热易分解,含结晶水,易吸潮	碳酸氢铵、硝酸铵、硝酸铵钙、尿素、磷酸铵、硝酸磷肥、氨化过磷酸钙、复混肥等

一、方法原理

　　对于性能不稳定的化肥,如碳酸氢铵、硝酸铵、硝酸铵钙、尿素、磷酸铵、硝酸磷肥、氨化过磷酸钙、复混肥等,在(50±2)℃、真空度 480～530mmHg 的真空烘箱内干燥所失去的质量,即为该化肥的水分。

二、主要仪器及试剂

　　分析天平(感量 0.0001g),电热恒温真空干燥箱(真空烘箱),真空泵,带磨口塞称量瓶(直径 50mm,高 30mm)。

三、操作步骤

于预先干燥并恒重的称量瓶中,称取实验室样品 2g(精确至 0.0001g),置于 50±2℃,通干燥空气调节真空度为 480～530mmHg(相当于 $6.4×10^4～7.1×10^4$ Pa)的电热恒温真空干燥箱中干燥 2h±10min。取出,在干燥器中冷却至室温,称量。

四、结果计算

1.计算

游离水的质量分数 w,以质量分数表示,由下式计算:

$$w(\%) = \frac{m - m_1}{m} × 100$$

式中:m——干燥前试样的质量,g;

m_1——干燥后试样的质量,g。

2.允许差

取平行测定结果的算术平均值为测定结果;平行测定结果的绝对差值不大于下列规定:

水含量/%	绝对差值/%
≤2	0.20
>2	0.30

五、注意事项

1.样品的研磨操作要迅速,以免在研磨过程中失水或吸湿,并要防止样品过热。对易吸湿样品应在干燥手套箱中进行。

2.对于极易吸潮或潮湿的试样,应置于带塞称量瓶中,并用减差法称取。

3.在干燥过程中,注意保持真空烘箱内的温度在规定范围内。

4.具体可参阅"硝酸磷肥中游离水含量的测定——烘箱法(GB10514—1989)","复混肥料中游离水含量测定——真空烘箱法(GB8575—2002)","磷酸一铵、磷酸二铵中水含量测定(GB102010—1988)"等。

5.可用烘干法测定水分含量的化肥的测定条件见表 3-3。

表 3-3　烘干法测定化肥含水量的条件

样　品	称样量/g 或 mL	烘干温度/℃	烘干时间/h	备　注
铵态氮肥	2.50	80±1	5	烘箱中烘干(NH_4HCO_3 除外)
磷肥	5.00	100±1	3	烘箱中烘干
硝态氮肥、钾肥	2～2.50	130±1	5	烘箱中烘干,用 PbO 进行干燥
液体肥料	5～20	100±1	3	预先在水浴上蒸干,再在烘箱中烘干
含挥发性物质的化肥	2～5.00	100±1	5	另外要进行挥发物质校正
酰胺态肥料	5.00	75±1	4	烘箱中烘干

实验三　化肥中氮含量的测定（甲醛法）

氮素是肥料三要素之一，是目前我国所使用的各种肥料中对植物生长影响最大、增产作用最明显的化学肥料。根据化肥中氮的存在形态可将其分为铵态氮肥（如硫酸铵、氯化铵、碳酸氢铵、氨水、磷酸一铵、磷酸二铵等）、硝态氮肥（如硝酸铵、硝酸钠、亚硝酸钠等）、酰胺态氮肥（如尿素）和氰胺态氮肥（氰胺化钙，又名石灰氮）。不同形式的氮，其测定方法也不相同。

一、方法原理

通过一定的化学处理方法，将各种形态的氮素转化为铵形态，再采用甲醛法、蒸馏法测定其含氮量；氨水、碳酸氢铵和碳铵母液可用简便的酸量法测定。

1. 甲醛法

甲醛法适用于氯化铵、硫酸铵、尿素等化肥中，不适用于碳酸氢铵、氨水和复混肥。

在中性溶液中，铵盐（NH_4^+）与甲醛（$HCHO$）作用，生成六次甲基四胺和相当于铵盐含量的酸，在指示剂存在下，用氢氧化钠标准溶液滴定，根据生成的酸量即可间接计算出肥料中的氮含量。以硫酸铵为例，其化学反应如下：

$$2(NH_4)_2SO_4 + 6HCHO \longrightarrow (CH_2)_6N_4 + 2H_2SO_4 + 6H_2O$$
$$2H_2SO_4 + 4NaOH \longrightarrow 2Na_2SO_4 + 4H_2O$$

2. 酸量法

酸量法适用于碳酸氢铵和氨水等中氮含量的测定。

在样品中加入准确过量的标准硫酸标准溶液，使样品中碳酸氢铵或氨水与硫酸反应生成$(NH_4)_2SO_4$，剩余硫酸以甲基红—亚甲基蓝混合指示剂，用标准氢氧化钠滴定溶液回滴，可计算含氮量（此法测定是铵态氮）。以碳酸氢铵为例，其化学反应如下：

$$2NH_4HCO_3 + H_2SO_4（过量）\longrightarrow (NH_4)_2SO_4 + 2CO_2\uparrow + 2H_2O$$
$$2NaOH + H_2SO_4（剩余）\longrightarrow Na_2SO_4 + 2H_2O$$

3. 蒸馏后滴定法

蒸馏后滴定法几乎适用于一切形式的氮肥应用范围广，准确度高。但是对于碳酸氢铵和氨水，有更简便的酸量法，一般不用此法。

铵态氮在氢氧化钠作用下，释放出游离氨，蒸出的氨被过量的标准硫酸滴定溶液吸收，剩余硫酸，以甲基红—亚甲基蓝混合指示剂，用标准氢氧化钠滴定溶液回滴，可计算出氮含量。

二、主要仪器及试剂

1. 主要仪器

分析天平(0.0001g 感量),三角瓶,移液管,碱式滴定管,恒温水浴等。

2. 试剂

(1)0.1%甲基红乙醇溶液:将 0.1g 甲基红溶于 60mL 无水乙醇中,加水定容至 100mL。

(2)95%乙醇。

(3)300g·L^{-1} NaOH 溶液:称取 300g 氢氧化钠(NaOH,分析纯),加水溶解,定容至 1000mL。

(4)0.5mol·L^{-1}和 0.1mol·L^{-1} NaOH 溶液标准溶液:将氢氧化钠配制成饱和溶液,注入内壁敷有石蜡的玻璃瓶中密闭放置至溶液清亮,倾取上层清液备用。量取 26mL 氢氧化钠饱和溶液,注入 1000mL 不含二氧化碳水中,混匀,即为 0.5mol·L^{-1}氢氧化钠标准溶液。量取 5mL 氢氧化钠饱和溶液,注入 1000mL 不含二氧化碳的水中,混匀,即为 0.1mol·L^{-1}氢氧化钠标准溶液。

0.5mol·L^{-1}氢氧化钠溶液的标定:称取 105～110℃烘至恒重的基准邻苯二甲酸氢钾 3g(精确至 0.0001g),溶于 80mL 水中,加热至沸,加入 1%酚酞指示剂 2～3 滴。用 0.5mol·L^{-1}氢氧化钠溶液滴定至溶液呈现粉红色。同时作空白试验。

0.1mol·L^{-1}氢氧化钠溶液的标定:称取 105～110℃烘至恒重的基准邻苯二甲酸氢钾 0.6g(精确至 0.0001g),加入 50mL 水,其余同上。

计算:

氢氧化钠标准溶液的浓度 N 按下式计算:

$$N = \frac{m}{(V_1 - V_2) \times 0.2042}$$

式中:m——邻苯二甲酸氢钾质量,g;

　　　V_1——氢氧化钠溶液用量,mL;

　　　V_2——空白试验氢氧化钠溶液用量,mL;

　　　0.2042——邻苯二甲酸氢钾的毫摩尔质量,g·mmol^{-1}。

(5)25%甲醛溶液:将甲醛溶液放于蒸馏瓶中,缓慢加热至 96℃左右,蒸馏至甲醛溶液中甲醇含量约 1%(蒸馏至原体积的二分之一),停止加热。按照 GB685—1979 的试验方法测定母液中甲醛含量和甲醇含量,然后用水将母液稀释成含甲醇小于 1%的 25%甲醛溶液。

(6)1%酚酞乙醇溶液:将 1g 酚酞溶于 90mL 乙醇中,加水定容至 100mL。

(7)pH8.5 的颜色参比溶液:在 250mL 锥形瓶中,加入 0.1mol·L^{-1}氢氧化钠标准溶液 15.15mL、0.2mol·L^{-1}硼酸-氯化钾溶液(称取 6.138g 硼酸和 7.455g 氯化钾,溶于水,移入 500mL 容量瓶中,稀释至刻度)37.50mL,再加入 1 滴甲基红指示剂溶液和 3 滴酚酞指示剂溶液,稀释至 150mL。

三、操作步骤

称取 1g 肥料样品,称准至 0.0001g,置于 250mL 锥形瓶中,用 100～120mL 水溶解,加 1 滴甲基红指示剂,用 0.1 mol·L^{-1}氢氧化钠标准溶液或 0.05mol·L^{-1}硫酸标准溶液调节至溶液呈橙色。

加入 25％甲醛溶液 15mL，再滴入 3 滴酚酞指示剂溶液，混匀，放置 5min，用 0.5mol·L⁻¹氢氧化钠标准溶液滴定，颜色变化：微红→黄色→橙色→浅红，直至与 pH8.5 的颜色参比溶液所呈现的颜色相同（滴定后体积约 150mL），并经 1min 不褪色（或滴定至 pH8.5）为终点。准确记录氢氧化钠标准溶液的滴定量。

按照上述操作步骤进行空白实验。

四、结果计算

1.氮含量计算

肥料中氨态氮（N）含量 X（以干基计），以质量分数（％）表示，由下式计算而得：

$$X(\%) = \frac{(V_1 - V_2) \times N \times 0.01401}{m \times (100 - X_{H_2O}) \div 100} \times 100$$

$$= \frac{(V_1 - V_2) \times N \times 140.1}{m \times (100 - X_{H_2O})}$$

式中：V_1——滴定试样用去氢氧化钠标准溶液的体积，mL；

V_2——空白试验用去氢氧化钠标准溶液的体积，mL；

N——氢氧化钠标准溶液的浓度，mol·L⁻¹；

m——试样的质量，g；

X_{H_2O}——试样中水的含量，％；

0.01401——与 1mL 标准氢氧化钠溶液（N＝1.000mol·L⁻¹）相当的氮的质量，g。

2.允许误差

取平行测定结果的算术平均值为测定结果。要求平行测定结果的绝对差不大于 0.06％；不同实验室测定结果的绝对值不大于 0.08％。

五、注意事项

1.对于硝酸铵肥料，应称取 1.5g 试样。

2.甲醛法测定肥料中氨态氮含量，也可适用于相应的工业产品，但是不适用于碳酸氢铵和氨水。

3.空白试验，除不加试样外，操作手续、所用试剂和试剂用量均与测定时相同。

4.有关"肥料中氨态氮含量的测定——甲醛法"，参照国家技术监督局颁布的国家标准 GB/T3600—2000。

实验四　有机肥料中全氮的测定

　　有机肥料主要来源于植物和(或)动物,是施于土壤以提供植物营养为其主要功能的含碳物料。有机肥料经生物物质、动植物废弃物、植物残体加工而来,消除了其中的有毒有害物质,富含大量有益物质,包括多种有机酸、肽类以及包括氮、磷、钾在内的丰富的营养元素。不仅能为农作物提供全面营养,而且肥效长,可增加和更新土壤有机质,促进微生物繁殖,改善土壤的理化性质和生物活性,是绿色食品生产的主要养分。有机肥料种类多,数量大,在我国农业生产中占有重要地位。

　　对有机肥料的养分分析,可了解其肥料质量及积制过程中养分变化情况,有利于指导合理施用和科学积制。由于不同基础肥料的复混肥料组成复杂,氮的存在形式比较复杂,用甲醛法和酸量法,受一定条件限制,所以在测定复混肥料的氮的含量采用蒸馏后滴定法,该方法适用范围广,准确度高,重现性好,适合各种形式氮含量的测定,也是仲裁分析方法。蒸馏后滴定法,只能将铵态氮蒸馏测出,而复混肥料中氮的存在形式也比较复杂,这就需要将非铵态氮形式的氮转化为铵态氮,才能进行氮含量的测定。

一、方法原理

　　有机肥中全氮包括铵态氮(NH_4^+-N)、硝态氮(NO_3^--N)和有机态氮。最理想的方法是硫酸—铬粒—重铬酸钾消煮法,硝态氮回收率可达 99%。但因铬粒比较昂贵,常用铁锌粉还原法(硝态氮回收率 98.9%)也可得到理想的结果。在测定新鲜人粪尿、沤肥等不含硝态氮的有机肥料全氮量时,可采用硫酸—混合盐消煮法或硫酸—高氯酸消煮法,因为二者的消煮液均可适用于氮磷钾连续测定。

　　有机肥料中的含氮化合物(包括有机形态和无机形态的氮),在还原性催化剂和水杨酸及硫代硫酸钠(或锌粉)的作用下,与浓硫酸共同消煮,使氮素全部转变为铵态氮,并与硫酸结合生成稳定的硫酸铵($(NH_4)_2SO_4$)。

　　在高温下硫酸是一种强氧化剂,能氧化有机化合物中的碳,生成 CO_2,从而分解有机质:

$$有机[C]+H_2SO_4 \xrightarrow{高温} SO_2+H_2O+CO_2\uparrow$$

　　含氮有机化合物在浓 H_2SO_4 的作用下,水解成为氨基酸,氨基酸又在 H_2SO_4 的脱氨作用下还原成氨,氨与 H_2SO_4 结合成为硫酸铵留在溶液中:

$$有机氮[N] \xrightarrow{\substack{浓 H_2SO_4 \\ 高温}} NH_4^+ \xrightarrow{H^+} (NH_4)_2SO_4$$

　　催化剂的催化过程如下:

$$2H_2SO_4+Se \longrightarrow H_2SeO_3+2SO_2\uparrow+H_2O$$
$$H_2SeO_3 \longrightarrow SeO_2+H_2O$$
$$有机[C]+SeO_2 \longrightarrow Se+CO_2\uparrow$$
$$有机[C]+CuSO_4+H_2SO_4 \longrightarrow Cu_2SO_4+SO_2\uparrow+CO_2\uparrow+H_2O$$
$$Cu_2SO_4+H_2SO_4 \longrightarrow CuSO_4+H_2O+SO_2\uparrow$$

$\qquad$（褐红色）$\qquad\qquad\qquad$（蓝绿色）

然后取消化液加浓碱蒸馏,使氨逸出并被硼酸溶液吸收:

$$(NH_4)_2SO_4+2NaOH \longrightarrow Na_2SO_4+2NH_3\uparrow+2H_2O$$
$$NH_3+H_2O \longrightarrow NH_4OH$$
$$NH_4OH+H_3BO_3 \longrightarrow NH_4\cdot H_2BO_3+H_2O$$

再用标准酸滴定,根据消耗的标准酸量即可计算出有机肥料中的全氮量:

$$2NH_4\cdot H_2BO_3+H_2SO_4 \longrightarrow (NH_4)_2SO_4+2H_3BO_3$$

二、主要仪器及试剂

1. 主要仪器

分析天平(0.0001g 感量)、消煮炉,半微量定氮蒸馏装置(图 3-1)、半微量滴定管、开氏瓶等。

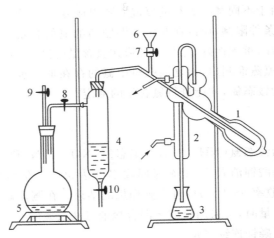

1:蒸馏瓶;2:冷凝器;3:吸收瓶;4:分水筒;5:蒸气发生器;6:加液小漏斗;(7~9):螺旋夹;10:开关。

图 3-1　半微量蒸馏装置

2. 试剂

3%水杨酸—硫酸溶液:称取 30g 水杨酸($C_7H_6O_3$,分析纯),溶解于 1000mL 浓硫酸(H_2SO_4,分析纯)中。

混合加速剂(K_2SO_4：$CuSO_4$：$Se=100$：10：1):将 1g 硒粉(Se,分析纯)、10g 硫酸铜($CuSO_4\cdot 5H_2O$,分析纯)、100g 硫酸钾(K_2SO_4,分析纯)在研钵中混合研磨,研细后充分混匀,贮存于具塞瓶中,待用。使用时,每毫升浓硫酸加此混合加速剂 0.37g。

溴甲酚绿—甲基红混合指示剂:称取 0.5g 溴甲酚绿、0.1g 甲基红,加 100mL 乙醇溶解,摇匀,即可。

　　$20g \cdot L^{-1}$ 硼酸—指示剂：称取 20g 硼酸（分析纯，H_2BO_3）溶于 1000mL 水中，每升 H_2BO_3 溶液中加入甲基红—溴甲酚绿混合指示剂 5mL 并用稀酸或稀碱调节至微紫红色，此时该溶液的 pH 为 4.8。指示剂用前与硼酸混合，此试剂宜现配现用，不宜久放。

　　浓硫酸：H_2SO_4 分析纯，无氮，$\rho = 1.84g \cdot mL^{-1}$。

　　$0.02mol \cdot L^{-1}$（$1/2~H_2SO_4$）标准溶液：量取浓硫酸（H_2SO_4，分析纯）2.83mL，加水稀释至 5000mL，然后用标准碱或硼砂标定之。

　　$0.01mol \cdot L^{-1}$（$1/2~H_2SO_4$）标准液：将 $0.02mol \cdot L^{-1}$（$1/2~H_2SO_4$）标准溶液用水准确稀释一倍。

　　$10mol \cdot L^{-1}$ NaOH 溶液：称取 420g 氢氧化钠（NaOH，分析纯）于硬质玻璃烧杯中，加 400mL 水溶解，不断搅拌，以防止烧杯底角固结，冷却后倒入塑料试剂瓶，加塞，防止吸收空气中的 CO_2，放置几天。待 Na_2CO_3 沉降后，将清液虹吸入盛有约 160mL 无 CO_2 的水中，并以不含 CO_2 的蒸馏水定容 1000mL 加盖橡皮塞。

三、操作步骤

1. 消煮

　　准确称取试样 0.5～2.5g（精确至 0.0001g），小心送入干燥洁净的 250mL 开氏瓶底部，缓缓加入 1.3%水杨酸—硫酸溶液 15mL，小心摇匀，放置 15～20min，加入催化剂（硫代硫酸钠 3g，或锌粉 1g），在瓶口加一个小漏斗，置于消煮炉，低温加热。待泡沫减少后，升高温度，待开氏管内呈均一溶液时，取下稍作冷却，加入 3g 混合加速剂，并小心摇动开氏瓶，使之混匀。

　　再次放入消煮炉内，小心低温加热，待泡沫消失后，升高温度进行高温消煮，直至内容物变为无色或浅蓝色，再继续消煮 20～30min。

　　取下冷却，将开氏瓶上的小漏斗移至 100mL 容量瓶上，将消化液转入容量瓶中，用少量水洗开氏瓶 3～5 次，洗出液一并转入容量瓶，然后定容，待用。

2. 蒸馏

　　量取 $20g \cdot L^{-1}$ 硼酸—指示剂溶液 25mL 与三角瓶中（3，吸收瓶），承接于蒸馏装置的冷凝管下端（2），使末端浸入硼酸溶液中。准确移取 5mL 消化液于整流器的小漏斗（6）里，松开夹子使其流入蒸馏瓶（1），并用少量蒸馏水清洗 2 次。再加入 $10mol \cdot L^{-1}$ NaOH 溶液 5mL，立即通蒸气蒸馏，5～10min 后放下吸收瓶，使导管离开硼酸溶液，继续蒸馏 2min，以洗净导管内壁，同时用少量蒸馏水冲洗导管外壁。用纳氏试剂或 pH 试纸检查馏出液，纳氏试剂无氮反应或 pH 为 6～7，表明氨已经蒸馏完毕。将吸收瓶移出。用倒吸法清洗几次后停止蒸馏。

3. 滴定

　　用 $0.01mol \cdot L^{-1}$（$1/2~H_2SO_4$）标准液滴定吸收瓶中的硼酸吸收液，吸收液的颜色由蓝色→蓝紫色→红紫色，即为终点，记录所用标准酸溶液的体积。根据滴定所消耗的标准盐酸的量计算样品的含氮量。

　　在做样品的消煮同时，做空白试验。

四、结果计算

$$有机肥料中全氮含量(\%) = \frac{c \times (V - V_0) \times 0.01401}{m_0} \times 100$$

式中：c——标准硫酸溶液的浓度，$mol \cdot L^{-1}$。

V——滴定试样消耗的标准硫酸的量，mL。

V_0——空白试验消耗的标准硫酸的量，mL。

0.01401——氮原子的毫摩尔质量，$g \cdot mmol^{-1}$。

m_0——有机肥料样品的质量 g。

五、注意事项

1. 硒是一种有毒元素，在消化过程中，会放出 H_2Se。H_2Se 的毒性较 H_2S 更大，易引起人中毒。所以，实验室要有良好的通风设备，方可使用这种催化剂。

2. 由于 Se 的催化效能高，一般常量法 Se 粉用量不超过 0.1～0.2g，如用量过多则将引起氮的损失：

$$(NH_4)_2SO_4 + H_2SeO_3 \longrightarrow (NH_4)_2SeO_3 + H_2SO_4$$

$$(NH_4)_2SeO_3 \longrightarrow NH_3 + Se + H_2O + N_2 \uparrow$$

3. 以 Se 作催化剂得到的消煮液，不能用于氮磷联合测定。

4. 称取肥料样品转入开氏管时，应使用长条形称量纸小心地将样品送至开氏瓶底部，注意不要让样品黏附于瓶壁，影响消化完全。

5. 在消煮时，开始用文火缓慢加热，注意观察，若气泡过多应暂停加热，待冷却后再缓慢加热，并注意避免试样从凯氏瓶口溢出。

6. 当肥料分解完毕，碳质被氧化后，消煮液则呈现清澈的蓝绿色即"清亮"，因此硫酸铜不仅起催化作用，也起指示作用。同时应该注意开氏法刚刚清亮并不表示所有的氮均已转化为铵，有机杂环态氮还未完全转化为铵态氮，因此消煮液清亮后仍需消煮一段时间，这个过程叫"后煮"。

7. 进行蒸馏操作之前，应预先检查装置是否漏气，并通过水的馏出液将管道洗净。

实验五　磷矿粉中全磷量的测定

磷矿粉有呈灰白粉状,主要成分为磷灰石,全磷(P_2O_5)含量一般为 $10\%\sim25\%$,枸溶性磷 $1\%\sim5\%$,可被作物吸收利用,其他大部分作物难于直接吸收利用,属于难溶性磷肥。其供磷特点是容量大,强度小,后效长。施入土壤以后,主要依靠土壤中的酸度、土壤微生物、作物根系分泌的弱酸等的作用进行转化,才能被作物吸收利用,其肥效很慢而且持久。施用一次,肥效可维持几年。

磷矿粉适宜在酸性土壤上作基肥施用,不宜作追肥。磷矿粉作基肥的施用量应视其有效磷含量而定,一般每亩为 100 斤左右。宜结合耕翻土地时均匀撒施,然后翻入根层深度。由于磷矿粉有效期长,施后可隔 $1\sim2$ 年再施。磷矿粉应尽量先安排在酸性较大和缺磷的土壤中施用。

一、方法原理

磷矿粉中磷的存在形态是氟磷酸钙$[Ca_5F(PO_4)_3]$,它不溶于水和枸橼酸等弱酸,而溶于强酸,因此磷矿粉中的全磷测定可用盐酸、硝酸或王水溶解处理样品,使其中的磷转变为正磷酸或正磷酸盐的形态;钒钼酸铵与正磷酸或正磷酸盐作用,形成黄色的钒钼磷酸络合物:

$$Ca_5F(PO_4)_3 \xrightarrow{\text{强酸}} Ca^{2+} + HF + H_3PO_4$$

$$H_3PO_4 + NH_4VO_3 + (NH_4)_2MoO_4 + HNO_3 \rightarrow (NH_4)_3PO_4 \cdot NH_4VO_3 \cdot 16MoO_3 + NH_4NO_3 + H_2O$$
$$\text{（黄色）}$$

溶液的黄色在 $400\sim490nm$ 有特征吸收,而且颜色的深浅与磷的含量成正比,颜色稳定时间为 24h。可用分光光度法测定其中的磷含量。

钒钼酸铵分光光度法测定溶液中的磷,体系的酸度太高或太低对显色都有影响,要求的酸度范围是 $0.04\sim1.6mol \cdot L^{-1}$,最好是 $0.5\sim1.0\ mol \cdot L^{-1}$。钒钼酸铵比色法要求比色液的酸度(终浓度)范围比较宽,但是由于溶液中的硅、亚砷酸等也可形成黄色的络合盐而干扰比色测定。若酸度保持在 $0.5\sim0.8mol \cdot L^{-1}$,并控制钼酸盐在一定量范围($1000mg \cdot kg^{-1}$ 以下),就可抑制这些络合盐的黄色干扰。

二、主要仪器及试剂

1.主要仪器

三角瓶,小漏斗,容量瓶,无磷滤纸,沙浴,紫外-可见分光光度计等。

2.试剂

1+1硝酸:移取一定量硝酸(分析纯,HNO_3),缓缓加入等体积的蒸馏水中,混匀即可。

0.25%二硝基酚指示剂:称取 2,4-二硝基酚或 2,6-二硝基酚(分析纯,$C_6H_4N_2O_5$)0.25g,溶解于100mL水中。此指示剂的变色点约为 pH3,酸性时无色,碱性时呈黄色。

6.0 mol·L^{-1} NaOH 溶液:称取 24g 氢氧化钠(分析纯,NaOH),加水溶解,稀释至 100mL。

100μg·L^{-1} P_2O_5 溶液:称取 0.1917g 磷酸二氢钾(KH_2PO_4,分析纯,预先在 105℃烘箱中烘干),用水溶解,加入 5mL 浓硫酸(H_2SO_4,分析纯),转入 1000mL 容量瓶,定容。

钒钼酸铵试剂:称取 25.0g 钼酸铵[$(NH_4)_6Mo_7O_{24}$·$4H_2O$,分析纯)],溶于 400mL 水中;称取 1.25g 偏钒酸铵(分析纯,NH_4VO_3)溶于 300mL 沸水中,冷却后加入 250mL 浓 HNO_3(分析纯)。将钼酸铵溶液缓缓注入钒酸铵溶液中,同时不断搅拌,最后加水稀释到 1000mL,贮于棕色瓶中。

三、操作步骤

1.标准工作曲线

分别移取 100μg·L^{-1} P_2O_5 溶液 0,1.0,2.5,5.0,10.0,15.0mL 于 50mL 容量瓶中,加水至约 35mL,再分别移入 10mL 钒钼酸铵试剂,摇匀,加水定容(酸度约 0.8mol·L^{-1})。得到浓度梯度为 0,2.0,5.0,10.0,20.0,30.0μg·L^{-1} 的溶液系列。

显色10min后,在 490nm 波长处用1cm 比色皿测定其吸光度 A,以吸光度对浓度做出标准工作曲线。

2.待测液的制备

称取通过 100 目筛的样品 0.2g(精确至 0.0001g),放入 100mL 三角瓶中,加少量水润湿,再加入 1+1 硝酸 10～15mL,瓶口加一小漏斗,在沙浴上缓缓加热 20min。稍作冷却,用水洗净小漏斗(洗入三角瓶),将三角瓶置于沙浴中低温加热,蒸发至近干(剩余约 1mL,切勿蒸干),稍作冷却,加入 20mL 沸水。再次加热至微沸,用致密的无磷滤纸过滤至 100mL 容量瓶中,用热水洗涤滤纸 3～4 次,定容。待比色测定用。

3.比色测定

移取 2～10mL 待测液(P_2O_5 含量为 1～2mg)于 50mL 容量瓶,滴加 3 滴二硝基酚指示剂,滴加 6.0mol·L^{-1} NaOH 溶液中和待测液,至呈现微黄色。加水至约 35mL,移入 10mL 钒钼酸铵试剂,定容。

显色10min后,在 490nm 波长处用1cm 比色皿测定其吸光度,同时做空白试验。

四、结果计算

根据样品待测液在 490nm 波长处的吸光度值,在标准工作曲线上查得其中 P_2O_5 的浓度及含量,再按照下式即可计算出肥料样品中的 P_2O_5 的含量:

$$磷矿粉中 P_2O_5 含量(\%) = \frac{C_{P_2O_5} \times V \times t_s}{m_0 \times 10^6} \times 100$$

式中：$C_{P_2O_5}$——从标准工作曲线上查得待测液中 P_2O_5 浓度，$\mu g \cdot L^{-1}$；

　　　V——定容体积，mL；

　　　m_0——磷矿粉样品的质量，g；

　　　t_s——分取倍数；

　　　10^6——将 μg 换算成 g；

　　　100——换算为百分含量。

五、注意事项

1. 本方法显色时间较短，常温下 $15 \sim 20min$ 即可显色完全。但在冬季较低温度下显色较慢。显色恒定后的溶液在 24h 内其吸收值基本不变。

2. 显色时钒酸盐的最终浓度范围是 $8.0 \times 10^{-5} \sim 2.2 \times 10^{-3} mol \cdot L^{-1}$，通常用后一浓度。钼酸盐的适宜终浓度为 $1.6 \times 10^{-3} \sim 5.7 \times 10^{-2} mol \cdot L^{-1}$。浓度过高，有硅干扰时会产生正误差，若无硅干扰时会产生负误差。

3. 制备待测液时，样品处理也可采用 10% HCl 溶液，操作步骤与 $1+1$ 硝酸溶液相同，但是相应的钒钼酸铵试剂应改用 HCl 系统配制。

4. 根据待测液中磷含量的多少，选择合适的比色波长，磷浓度高时选用较长的波长，而磷浓度较低时选用较短的波长进行测定。如，P_2O_5 含量在 $2 \sim 10mg \cdot kg^{-1}$ 时选用 420nm，P_2O_5 含量在 $14 \sim 40mg \cdot kg^{-1}$ 则选用 490nm 为测定波长。待测液中铁含量高而产生黄色干扰时，通常选用较长的波长。值得注意的是，波长由 400nm 增加到 490nm 时，灵敏度会降低 10 倍。

5. 铁、铝、锰、钙、镁、钡、钾、钠、铵、一价汞、二价汞、锡、锌、银、砷、醋酸根、焦磷酸盐、钼酸盐、四硼酸盐、枸橼酸盐、草酸盐、硅酸盐、亚硝酸盐、氰化物、硫酸盐和亚硫酸盐等元素的浓度在 $1000mg \cdot L^{-1}$ 以内时，对磷的测定无干扰。

6. 磷的测定结果一般以 $P_2O_5 \%$ 表示，但是近年来肥料品种趋向于高浓度和多养分化，不少国家都提出了用元素磷（P）表示肥料中磷含量的建议。如需要用 P% 表示，则它们之间的互换关系为：

$$P_2O_5\% \times 0.4364 = P\%$$
$$P\% \times 2.291 = P_2O_5\%$$

实验六 钙镁磷肥有效磷的测定

钙镁磷肥又称熔融含镁磷肥,为灰绿色或灰棕色粉末,是磷矿石与含镁、硅的矿石,在高炉或电炉中经过高温熔融、水淬、干燥和磨细而成。是一种含有磷酸根(PO_4^{3-})的硅铝酸盐玻璃体,无明确的分子式与分子质量。钙镁磷肥不仅提供12%～18%的低浓度磷,还能提供大量的硅、钙、镁。镁对形成叶绿素有利(叶绿素分子的重要成分),硅能促进作物纤维组织的生长,使植物有较好的防止倒伏和病虫害的能力。钙镁磷肥占我国目前磷肥总产量17%左右,仅次于过磷酸钙。

国家对钙镁磷肥产品有明确的质量规定,优等品中有效五氧化二磷(P_2O_5%)含量≥20.0%,一等品≥18.0%,合格品≥15.0%。

钙镁磷肥不溶于水,无毒,无腐蚀性,不吸湿,不结块,为化学碱性肥料。它广泛地适用于各种作物和缺磷的酸性土壤,特别适用于南方钙镁淋溶较严重的酸性红壤土。钙镁磷肥施入土壤后,其中磷只能被弱酸溶解,要经过一定的转化过程,才能被作物利用,所以肥效较慢,属缓效肥料。因此比较适合于作基肥,结合深耕深施。将肥料均匀施入土壤,使它与土层混合,以利于土壤酸对它的溶解,并利于作物对它的吸收。南方水田可用来沾秧根。每亩用量在10kg左右,对秧苗无伤害,效果也比较好。与10倍以上的优质有机肥混拌堆沤1个月以上,沤好的肥料可作基肥、种肥,也可用来沾秧根。

钙镁磷肥的使用中,应注意:钙镁磷肥通常不能与酸性肥料混合施用,否则会降低肥料的效果。与普钙、氮肥配合施用效果比较好,但不能与它们混施。用量要合适,一般每亩用量要控制在15～25kg之间。通常每亩35～40kg施钙镁磷肥时,可隔年施用。钙镁磷肥最适合于对枸溶性磷吸收能力强的作物,如油菜、萝卜、豆科绿肥、豆科作物和瓜类等作物。

一、方法原理

磷肥中全磷的测定,一般可用强酸如盐酸、王水或硝酸处理样品,使难分解的磷进入溶液中,以测定其中磷的含量。可根据具体设备条件选用磷钼喹啉质量法、磷钼喹啉容量法和钒钼酸铵比色法等。

本实验采用磷钼喹啉质量法。钙镁磷肥及热制磷肥中的磷能溶解于2%枸橼酸中,溶液中的磷酸,用水和中性枸橼酸铵溶液提取硝酸磷肥中正磷酸根离子,溶液中正磷酸根离子在酸性介质中与喹钼柠酮试剂生成黄色磷钼酸喹啉沉淀,过滤,洗涤,干燥和称重沉淀,计算磷含量。反应方程式如下:

$$H_3PO_4 + C_9H_7N + NaMoO_4 + HNO_3 \longrightarrow (C_9H_7N)_3 \cdot H_3[PO_4 \cdot 12MoO_3] \cdot H_2O\downarrow + NaNO_3 + H_2O$$

二、主要仪器及试剂

1.主要仪器

分析天平(0.001g 感量),玻璃坩埚式滤器(4 号,容积 30mL),恒温干燥箱(能维持 180 ±2℃),水浴锅等。

2.试剂

1+1 硝酸溶液;取等体积硝酸(HNO₃,分析纯)与水混合即可。

中性枸橼酸铵溶液:溶解 370g 枸橼酸(C₆H₈O₆·H₂O,分析纯)在 1500mL 水中,加 354mL 氢氧化铵使之接近中性(若 NH₄⁺<28%,可相应地加大氢氧化铵用量,并减少溶解枸橼酸的水量),冷却,以 1+7 氢氧化铵或枸橼酸溶液调节溶液 pH 值,用酸度计校正 pH=7.0,用蒸馏水稀释至 2000mL。制备好的溶液 pH=7.0,在 20℃时密度为 1.09。贮存在密封紧塞的瓶中,时常核检 pH,如 pH 值改变,重新调节 pH 至 7.0。

喹钼柠酮试剂:称取 70g 钼酸钠(Na₂MoO₄·2H₂O,分析纯),在加有 100mL 水的 400mL 烧杯中溶解,此为溶液 A;称取 60g 枸橼酸,在加有 100mL 水的 1000mL 烧杯中溶解,再加入 85mL 硝酸,此为溶液 B;溶液 A 加到溶液 B 中,混匀,得到溶液 C;在 400mL 烧杯中,将 35mL 硝酸和 100mL 水混合,并加入 5mL 喹啉,此为溶液 D;把溶液 D 加到溶液 C 中,混匀,静置一夜,用滤纸过滤,滤液中加入 280mL 丙酮,用水稀释至 1000mL。溶液贮存在聚乙烯瓶中,放于暗处,避光避热保存。

三、操作步骤

1.试样溶液的制备

(1)水溶性磷:称取 1.5~2.0g 试样,精确到 0.001g,将试样置于 75mL 瓷蒸发皿中,加 25mL 水研磨,用倾泻法将试液倾注过滤到预先注入 5mL(1+1)硝酸溶液的 250mL 容量瓶中,洗涤、研磨试样三次,每次用 25mL 水,然后将水提取后的不溶物转移到滤纸上,用水洗涤瓷蒸发皿和不溶物至容量瓶中溶液达 200mL 左右为止,用水稀释至刻度,混匀。此为溶液Ⅰ,供测定水溶性磷用,不溶物作中性枸橼酸铵溶性磷用。

(2)中性枸橼酸铵溶性磷:将上述步骤中提取水溶性磷后的不溶物连同滤纸一并转移到 250mL 容量瓶中,然后加入 100mL 预先加热到 65℃的中性枸橼酸铵溶液,盖上瓶塞,振荡至滤纸分裂为纤维状为止。将容量瓶置于(65±1)℃的水浴中保温提取 1h,每隔 10min 振荡一次。从水浴中取出容量瓶,冷却至室温,用水稀释至刻度,混匀,用干燥滤纸和滤斗过滤于干燥的烧杯中,弃去最初几毫升溶液。此为溶液Ⅱ,供测定中性枸橼酸铵溶性磷用。

2.磷的测定

(1)水溶性磷含量的测定

用移液管吸取 15.0mL 溶液Ⅰ,注入 400mL 烧杯中,加入 10mL(1+1)硝酸溶液,用水稀释至 100mL,加热煮沸数分钟,加入 35mL 喹钼柠酮试剂,用表面皿盖上烧杯,置于近沸水浴中保温至沉淀分层,取出烧杯冷却至室温,冷却过程中转动烧杯 3~4 次。

用预先在(180±2)℃下干燥至恒重的 4 号玻璃坩埚式滤器抽滤,先将上层清液滤完,然后以倾泻法洗涤沉淀 1~2 次(每次用 25mL 水),将沉淀转移到滤器中,再用水继续洗涤,所用水共 125~150mL。将带有沉淀的滤器置于(180±2)℃的恒温干燥箱内,待温度达到后干燥 45min，移入干燥器中冷却，称量。

(2)有效磷(水溶性磷＋中性枸橼酸铵溶性磷)含量的测定

用移液管分别吸取 15.0mL 溶液Ⅰ、Ⅱ于 400mL 烧杯中，加入(1+1)硝酸溶液 10mL，用水稀释至 100mL，加热煮沸数分钟，加入 35mL 喹钼柠酮试剂，用表面皿盖上烧杯，置于近沸水浴中保温至沉淀分层，取出烧杯冷却至室温，冷却过程中转动烧杯 3～4 次，以免沉淀黏附于烧杯壁，影响测定结果。

用预先在(180±2)℃下干燥至恒重的 4 号玻璃坩埚式滤器抽滤，先将上层清液滤完，然后以倾泻法洗涤沉淀 1～2 次(每次用 25mL 水)，将沉淀转移到滤器中，再用水继续洗涤，所用水共 125～150mL。将带有沉淀的滤器置于(180±2)℃的恒温干燥箱内，待温度达到后干燥 45min，移入干燥器中冷却，称量。

在测定的同时，按同样的操作步骤，同样试剂，但不含试样进行空白试验。

四、结果计算

(1)钙镁磷肥中水溶性磷(P_2O_5)含量 X_1，以质量分数表示，按下式计算：

$$X_1(\%)=\frac{(m_1-m_2)\times 0.03207}{m_0\times\dfrac{V}{250}}\times 100$$

式中：m_1——磷钼酸喹啉沉淀的质量，g；

m_2——空白试验所得磷钼酸喹啉的质量，g；

0.03207——磷钼酸喹啉换算为 P_2O_5 质量的系数；

m_0——称取肥料试样的质量，g；

V——移取溶液Ⅰ的体积，mL。

(2)有效磷(P_2O_5)含量 X_2，以质量分数表示，按下式计算：

$$X_2(\%)=\frac{(m_1-m_2)\times 0.03207}{m_0\times\dfrac{V}{500}}\times 100$$

式中：m_1——磷钼酸喹啉沉淀的质量，g；

m_2——空白试验所得磷钼酸喹啉的质量，g；

m_0——称取肥料试样的质量，g；

V——移取溶液Ⅰ和溶液Ⅱ的体积之和，mL；

0.03207——磷钼酸喹啉换算为 P_2O_5 质量的系数。

(3)水溶性磷占有效磷质量分数 X_3，按下式计算：

$$X_3(\%)=\frac{X_1}{X_2}\times 100$$

式中：X_1——水溶性磷，%；

X_2——有效磷含量，%。

(4)允许差

取平行测定结果的算术平均值作为测定结果。平行测定结果的绝对差值不大于 0.20%；不同实验室测定结果的绝对差值不大于 0.60%。

五、注意事项

1.该标准规定用水和中性枸橼酸铵溶液提取有效磷,并以磷钼酸喹啉重量法测定磷含量。适用于各种流程生产的硝酸磷肥中水溶性磷及有效磷含量的测定。

2.非正磷酸盐不被喹钼柠酮所沉淀,加入硝酸(1+1)煮沸 10min,可使非正磷酸盐转化成正磷酸盐。

3.加入沉淀剂后加热时,不可摇动溶液,不可搅拌,加热时温度不宜过高,以防迸溅。空白试验时,以加热 1～3min 为宜,直至溶液呈淡黄色。

4.测定后砂芯漏斗中的沉淀用水冲洗,残渣用氨水(1+1)浸泡(氨水可循环使用),洗净后烘干备用。

5.喹钼柠酮溶液腐蚀玻璃,生成硅酮酸喹啉沉淀,故宜放入聚乙烯瓶中。喹啉受光而变蓝色,可滴加 1‰溴酸钾使蓝色消失。喹啉应存于氧化介质中,故配制时不用盐酸而用硝酸。

6.将带有沉淀的滤器送入(180±2)℃的恒温干燥箱干燥时,应先将滤器底部的水分吸干,然后再送入烘箱,防止骤热导致滤器破裂。

7.试液中加入枸橼酸可避免溶液在煮沸时钼酸钠水解而析出 MoO_3 沉淀。(枸橼酸主要排除硅,同时进一步排除 NH_4^+ 干扰阻止钼酸盐水解)。加入丙酮可使磷钼酸喹啉沉淀的颗粒粗细均匀易于过滤和洗涤,同时也可避免 NH_4^+ 生成磷钼酸铵沉淀而产生干扰。

实验七　灰肥中全钾量的测定

钾是肥料三元素之一,植物体内含钾一般占干物质重的 $0.2\%\sim4.1\%$,仅次于氮。钾在植物生长发育过程中,参与酶系统的活化、光合作用、同化产物的运输、碳水化合物的代谢和蛋白质的合成等过程。

钾元素常被称为"品质元素"。它对作物产品质量的作用主要有:①能促使作物较好地利用氮,增加蛋白质的含量,并能促进糖分和淀粉的生成;②使核仁、种子、水果和块茎、块根增大,形状和色泽美观;③提高油料作物的含油量,增加果实中维生素 C 的含量;④加速水果、蔬菜和其他作物的成熟,使成熟期趋于一致;⑤增强产品抗碰伤和自然腐烂能力,延长贮运期限;⑥增加棉花、麻类作物纤维的强度、长度和细度,色泽纯度。钾还可以提高作物抗逆性,如抗旱、抗寒、抗倒伏、抗病虫害侵袭的能力。

而作物缺少钾肥,就会得"软骨病",易倒伏,常被病菌害虫困扰。作物缺钾最典型的症状是从老叶或植株下部叶片先开始,因为钾的再利用程度大,钾不足时,老组织中的钾可转移到幼嫩组织中去,但如果严重缺钾,嫩叶也会发生此症状。其次是根系发育不良,根细弱,常呈褐色;在氮素充足时,缺钾的双子叶植物的叶子常卷曲而显皱纹,禾本科作物则茎秆柔软易倒伏,分蘖少,抽穗不整齐。

施用钾肥能够促进作物的光合作用,促进作物结果和提高作物的抗寒、抗病能力,从而提高农业产量。钾元素在植物体内以游离钾离子形式存在,它能促进碳水化合物和氮的代谢;控制和调节各种矿物营养元素的活性;活化各种酶的活动;控制养分和水的输送;保持细胞的内压,从而防止植物枯萎。钾在植物体内能促进氮素代谢及糖类的合成与运输,可促使植株生长健壮,增强其抗病虫与自然灾害的能力,此外还具有提高植物抗旱能力的作用。保证各种代谢的过程顺利进行。

钾肥品种主要有氯化钾、硫酸钾、草木灰、钾泻盐等。

草木灰是植物秸秆、柴草、枯枝落叶等经过燃烧后的残留物,质地轻松,吸热保湿性能强,干时易随风而去,湿时易随水而走。草木灰为灰黑色或黑色,不含氮素及有机物,仅有灰分及其他大量微量元素,其中最多的是钾和钙,其中含钾量高达 $6\%\sim12\%$,主要是碳酸钾,其次是硫酸钾,少量的氯化钾,90% 以上为水溶性的,呈碱性。在等钾量施用草木灰时,肥效好于化学钾肥。所以,它是一种来源广泛、成本低廉、养分齐全、肥效明显的无机农家肥。

除不适宜碱性土壤施用外,草木灰适合多种土壤与作物施用,特别适合喜钾忌氯作物施用。用到氮磷较多的高产地上,效果更加显著。适宜作基肥,也可作追肥。另外,用草木灰水浸种,不仅能使种子发芽快,苗期长势好,而且还有一定的灭菌作用,有利于预防病害。但是,草木灰很容易与硫酸铵、硝酸铵、人畜粪尿中的氨起作用,造成氮素的挥发流失。所以,草木灰不能与上述肥料混存混用。

一、方法原理

化肥中钾含量的测定方法有:四苯硼酸钠质量法(仲裁法)和四苯硼酸钠容量法,适用于氯化钾、硝酸钾、硫酸钾和复合肥等中钾含量的测定。

本实验采用四苯硼酸钠容量法,将钾肥试样用稀酸溶解,加入甲醛和乙二胺四乙酸二钠溶液,消除铵离子和其他阳离子的干扰,在微碱性溶液中,以定量的四苯硼酸钠溶液沉淀试样中钾,滤液中过量的四苯硼酸钠以达旦黄作指示剂,用季铵盐回滴至溶液由黄色变成明显的粉红色,其化学反应(以溴代十六烷基三甲胺为例):

$$K^+ + [B(C_6H_5)_4]^- \longrightarrow K[(C_6H_5)_4B] \downarrow$$
$$(白色)$$

$$[CH_3(CH_2)_{15}(CH_3)_3N]Br + Na[B(C_6H_5)_4] \longrightarrow CH_3(CH_2)_{15}(CH_3)_3N \cdot B(C_6H_5)_4 \downarrow + NaBr$$
$$(乳白色胶状沉淀)$$

二、主要仪器及试剂

1. 主要仪器

分析天平(0.0001g 感量),三角瓶,容量瓶等。

2. 试剂

盐酸(1+9)溶液:将 1 体积盐酸(HCl,分析纯,比重 1.19)与 9 体积水混合。

20%氢氧化钠溶液:称取 20g 氢氧化钠(NaOH,分析纯,要求不含钾),溶解于 100mL 水中。

37%甲醛溶液:分析纯。

0.04%达旦黄指示剂:称取 0.04g 达旦黄(分析纯),溶解于 100mL 水中。

$2mg \cdot mL^{-1}$ 氯化钾标准溶液:准确称取 1.5830g 基准氯化钾(预先在 105℃烘干至恒重),加水使之溶解,移入 500mL 容量瓶中,稀释至标线,混匀。此溶液每毫升含 2mg 氧化钾(K_2O)。

10%乙二胺四乙酸二钠溶液:称取 10g 乙二胺四乙酸二钠(分析纯,EDTA 二钠盐),溶解于 100mL 水中。

2.5%十六烷三甲基溴化铵(CTAB)溶液:称取 2.5g 十六烷三甲基溴化铵(分析纯,简称 CTAB)于小烧杯中,用 5mL 乙醇使之湿润,然后加水溶解,并稀释至 100mL,混匀。按下法测定其与四苯硼酸钠(STPB)溶液的比值:

准确量取 4mL 四苯硼酸钠(STPB)溶液于 125mL 三角瓶中,加入水 20mL 和 20%氢氧化钠溶液 30mL,再加入 37%甲醛溶液 2.5mL 及 8~10 滴 0.04%达旦黄指示剂,由微量滴定管滴加十六烷三甲基溴化铵(CTAB)溶液,至溶液呈粉红色为止。

按(1)式计算每毫升十六烷三甲基溴化铵溶液相当于四苯硼酸钠溶液的毫升数(R):

$$R = \frac{V_1}{V_2} \tag{1}$$

式中:V_1——所取的四苯硼酸钠标准溶液的体积,mL;

V_2——滴定所耗十六烷三甲基溴化铵溶液的体积,mL。

1.2%四苯硼酸钠(STPB)溶液:称取 12g 四苯硼酸钠[$(C_6H_5)_4BNa$ 或 $NaB(C_6H_5)_4$,分析纯]于 600mL 烧杯中,加水约 400mL 使其溶解,加入 10g 氢氧化铝[$Al(OH)_3$,分析纯],搅拌 10min,用慢速滤纸过滤,如滤液呈浑浊,必须反复过滤直至澄清,收集全部滤液于 1000mL 容量瓶,加入 20%氢氧化钠溶液 4mL,稀释至标线,混匀,静置 48h,按下法进行标定:

准确吸取 2mg·mL^{-1}氯化钾标准溶液 25mL(含 K_2O 50mg),置于 100mL 容量瓶中,加入 5mL 盐酸(1+9)溶液,10%乙二胺四乙酸二钠溶液 10mL,20%氢氧化钠溶液 3mL 和 37%甲醛溶液 5mL,由滴定管加入 1.2%四苯硼酸钠(STPB)溶液 38mL(按理论需要量再多 8mL),然后用蒸馏水稀释至标线,混匀,放置 5～10min 后,过滤。准确吸取 50mL 滤液于 125mL 三角瓶中,加 8～10 滴 0.04%达旦黄指示剂,用十六烷三甲基溴化铵(CTAB)溶液滴定溶液中过量的四苯硼酸钠,至明显的粉红色为止。

按式(2)计算每毫升四苯硼酸钠标准溶液相当于氧化钾(K_2O)的克数(F):

$$F = \frac{V_0 \times A}{V_1 - 2V_2 \times R} \tag{2}$$

式中:V_0——所取氯化钾标准溶液的体积,mL;

A——每毫升氯化钾标准溶液所含氧化钾的质量,g;

V_1——所用四苯硼酸钠标准溶液体积,mL;

2——沉淀时所用容量瓶的体积与所取滤液体积的比数;

V_2——滴定所耗十六烷三甲基溴化铵溶液的体积,mL;

R——每毫升十六烷三甲基溴化铵溶液相当于四苯硼酸钠溶液的毫升数。

三、操作步骤

1. 试液制备

称取灰肥试样 5g(准确至 0.0001g)置于 400mL 烧杯中,加入 200mL 水及 10mL 盐酸,煮沸 15min。冷却,移入 500mL 容量瓶中,加水至标线,混匀后,过滤。准确吸取 25mL 滤液(K_2O 含量不超过 50mg)测定钾。

2. 滴定

准确移取 25mL 上述滤液于 100mL 容量瓶中,加入 10%乙二胺四乙酸二钠溶液 10mL,20%氢氧化钠溶液 3mL 和 37%甲醛溶液 5mL,由滴定管加入较理论所需量过量 8mL 的 1.2%四苯硼酸钠(STPB)溶液(10mg K_2O 需 6mL STPB 溶液),用水沿瓶壁稀释至标线,充分混匀,静止 5～10min 过滤。准确吸取 50mL 滤液,置于 125mL 锥形瓶内,加入 8～10 滴达旦黄指示剂,用 2.5%十六烷三甲基溴化铵(C)TAB 溶液回滴过量的四苯硼酸钠,至溶液呈粉红色为止。

四、结果计算

1. 灰肥中钾(K_2O)的质量分数按式(3)计算

$$K_2O(\%) = \frac{(V_1 - 2V_2R) \times F}{m} \times 100 \tag{3}$$

式中:V_1——所取四苯硼酸钠标准溶液体积,mL;

　　　V_2——滴定所耗十六烷三甲基溴化铵溶液体积,mL;

　　　2——沉淀时所用容量瓶的体积与所取滤液体积的比数;

　　　R——每毫升十六烷三甲基溴化铵溶液相当于四苯硼酸钠标准溶液的毫升数;

　　　F——每毫升四苯硼酸钠标准溶液相当于氧化钾的克数;

　　　m——所取试液中的试样质量,g。

2.平行测定结果的绝对值不大于0.20%

五、注意事项

1.本方法适用于氯化钾、硝酸钾、硫酸钾和复合肥等钾含量的测定。

2.四苯硼酸钠水溶液稳定性较差,在配制时加入氢氧化钠,使溶液具有一定的碱度而增强其稳定性。一般需有48h老化时间,如此,在一星期内的标定结果,可保持基本不变。

3.试样溶液在滴定时,其pH值必须控制在12~13之间。如呈酸性,则无终点出现。

4.十六烷三甲基溴化铵是一种表面活性剂,用纯水配制溶液时泡沫很多且不易完全溶解,如把固体用乙醇先行湿润,然后加水溶解,则可得到澄清的溶液,乙醇的用量约为总液量的5%,乙醇的存在对测定无影响。

实验八　复混肥中微量元素的测定

复混肥是复混肥料的简称,就是含有多种植物所需矿物质元素或其他养分的肥料。一般的,复混肥含有的大量元素有:氮(N)、磷(P)、钾(K),也称总养分;中量元素:钙(Ca)、镁(Mg)、硫(S)等,也称为次要养分;微量元素:硼(B)、锰(Mn)、铁(Fe)、锌(Zn)、铜(Cu)、钼(Mo)或钴(Co)等,也称为微量养分等。

复混肥(料)与复合肥(料)从概念上来严格区分是有所不同的,前者包含后者。国家标准 GB18382—2001《肥料标识、内容和要求》中有如下定义。

复混肥料(compound fertilizer):氮、磷、钾三种养分中,至少有两种养分标明量的由化学方法和(或)掺混方法制成的肥料。这里所说的至少有两种养分是构成复混肥料的基础,否则,就属于单一肥料或单质肥料,如尿素、硫酸铵、过磷酸钙等。其中两种以上的单质肥料是由化学方法合成的,或由物理的掺混方法,以及在生产过程中既有化学反应,又有物理掺混而制成的产品,通称为复混肥料。

复合肥料(complex fertilizer):氮、磷、钾三种养分中,至少有两种养分标明量的仅由化学方法制成的肥料,是复混肥料的一种。例如硝酸磷肥、磷铵,仅由化学方法制成的肥料。

有机—无机复混肥料(organic-inorganic compound fertilizer):含有一定量有机质的复混肥料。就是在生产无机复混肥料过程中,加入一定量有机质而制成的肥料,其产品中既含有大量元素,也含有一定量的有机质。

复混肥按其总养分($N+P_2O_5+K_2O$)的质量分数,可分为高浓度(≥40%)、中浓度(≥30%)、低浓度(≥25%)。在外观上一般为颗粒状,由于生产工艺的不同,颜色也不尽一样,其主要原料有硫酸铵、硝酸铵、碳酸氢铵、氯化铵、尿素、硫酸钾、氯化钾、磷铵等。

复混肥具有养分含量高,主要营养元素多等优点。复混肥的养分总量一般比较高,营养元素种类较多,一次施用复合肥,至少同时可供应作物两种以上的主要营养元素;副成分少,结构均匀。例如磷酸铵不含任何无用的副成分,其阴、阳离子均为作物吸收的主要营养元素。这种肥料养分分布比较均一,在造成颗粒后与粉状或结晶状的单元肥料相比,结构紧密,养分释放均匀,肥效稳而长。由于副成分少,对土壤不利影响小;物理性状好。复混肥一般多制成颗粒,吸湿性小,不易结块,便于贮存和施用,特别便于机械化施肥;节省贮运费用和包装材料。由于复混肥中副成分少,有效成分含量一般比单元肥料高,所以能节省包装及贮存运输费用。

但同时,复混肥因其养分的比例固定,难以满足各类土壤和各种作物的需要。而且,各种养分在土壤中运动速率各不相同,被保持和流失的程度不同,因而在施用时间、施肥位置等方面很难满足施肥技术上的要求。

为了不断规范复混肥料行业,进一步引领行业健康发展,国家质量监督检验检疫总局、国家标准化管理委员会在 2009 年 11 月 30 日批准发布了 GB15063—2009《复混肥料(复合肥料)》国家标准,代替 GB15063—2001《复混肥料(复合肥料)》标准,新标准已于 2010 年 6月 1 日起正式实施。

一、方法原理

部分微量元素具有生物学意义,是植物和动物正常生长和生活所必需的,在植物和动物体内的作用有很强的专一性,是不可缺乏和不可替代的,当供给不足时,植物往往表现出特定的缺乏症状,农作物产量降低,质量下降,严重时可能绝产。而施加微量元素肥料,有利于产量的提高,这已经被科学试验和生产试验所证实。定量地说,对于作物来说,含量介于 $0.2\sim200$mg·kg^{-1}(按干物重计)的必需营养元素称为"微量元素"。到目前为止,证实为作物所必需的微量元素有硼、锰、铜、锌、钼、铁、氯等。

国家标准 GB/T14540—2003《复混肥料中铜、铁、锰、锌、硼、钼含量的测定》中规定了复混肥料中铜、铁、锰、锌、硼、钼含量的测定方法,将复混肥用盐酸分解,其中的微量养分(微量元素)在 0.5 mol·L^{-1}盐酸介质中,用原子吸收分光光度计在不同元素各自相应的波长,以空气—乙炔火焰进行测定。

原子吸收分光光度计法是属于原子吸收光谱的一种,是利用被测元素的基态原子吸收特征光的程度进行定量分析的一种方法。主要用于测定金属元素含量,部分非金属元素也可以用氢化法进行测定。

原子吸收分光光度计一般由四大部分组成,即光源(单色锐线辐射源)、试样原子化器、单色仪和数据处理系统(包括光电转换器及相应的检测装置)。

原子化器主要有两大类,即火焰原子化器和电热原子化器。火焰有多种火焰,目前普遍应用的是空气—乙炔火焰。电热原子化器普遍应用的是石墨炉原子化器,因而原子吸收分光光度计,就有火焰原子吸收分光光度计和带石墨炉的原子吸收分光光度计。前者原子化的温度在 2100～2400℃,后者在 2900～3000℃。

火焰原子吸收分光光度计,利用空气—乙炔测定的元素可达 30 多种,若使用氧化亚氮—乙炔火焰,测定的元素可达 70 多种。但氧化亚氮—乙炔火焰安全性较差,应用不普遍。空气—乙炔火焰原子吸收分光光度法,一般可检测到 ppm 级(10^{-6}),精密度在 1%左右。火焰原子吸收分光光度计,都可配备各种型号的氢化物发生器(属电加热原子化器),利用氢化物发生器,可测定砷(As)、锑(Sb)、锗(Ge)、碲(Te)等元素,一般灵敏度在 ng·mL^{-1}级(10^{-9}),相对标准偏差 2%左右。汞(Hg)可用冷原子吸收法测定。

石墨炉原子吸收分光光度计,可以测定近 50 种元素。石墨炉法,进样量少,灵敏度高,有的元素也可以分析到 ng·mL^{-1}级(10^{-9})。

元素在原子化器中被加热后原子化,成为基态原子蒸气,对空心阴极灯发射的特征辐射进行选择性吸收。在一定浓度范围内,其吸收强度与试液中该元素的含量成正比。其定量关系可用郎伯-比尔定律描述:

$$A=-\lg\frac{I}{I_0}=-\lg T=\varepsilon cl$$

式中:I 为透射光强度;I_0 为发射光强度;T 为透射比;ε 为光被吸收的比例系数(当用摩尔浓

度时,为摩尔吸收系数);l 为光通过原子化器光程(长度),每台仪器的 l 值是固定的;c 是被测样品浓度。所以 $A=kc$。

二、主要仪器及试剂

1. 主要仪器

分析天平(0.001g 感量),容量瓶,烧杯,电热板(功率为 $1.8\sim2.4$ kW),原子吸收分光光度计等。

2. 试剂

(1+5)盐酸溶液:1 体积盐酸(HCl,分析纯)与 5 体积水混合均匀即可。

0.5 mol·L^{-1} 盐酸溶液:移取 10.5mL 浓盐酸(HCl,分析纯,37.5%,密度 1.179g·cm^{-3})至 250mL 容量瓶,用水稀释至刻度,定容。

1mg·mL^{-1} 铁标准溶液:为购于国家标准物质中心的标准溶液。

1mg·mL^{-1} 锰标准溶液:为购于国家标准物质中心的标准溶液。

1mg·mL^{-1} 铜标准溶液:为购于国家标准物质中心的标准溶液。

1mg·mL^{-1} 锌标准溶液:为购于国家标准物质中心的标准溶液。

0.1 mg·mL^{-1} 铁标准工作溶液:移取 1mg·mL^{-1} 铁标准溶液 10.0mL 于 100mL 容量瓶中,用水稀释至刻度,混匀。

0.1 mg·mL^{-1} 锰标准工作溶液:移取 1mg·mL^{-1} 锰标准溶液 10.0mL 于 100mL 容量瓶中,用水稀释至刻度,混匀。

0.1 mg·mL^{-1} 铜标准工作溶液:移取 1mg·mL^{-1} 铜标准溶液 10.0mL 于 100mL 容量瓶中,用水稀释至刻度,混匀。

0.1 mg·mL^{-1} 锌标准工作溶液:移取 1mg·mL^{-1} 锌标准溶液 10.0mL 于 100mL 容量瓶中,用水稀释至刻度,混匀。

三、操作步骤

1. 试样溶液的制备

称取 $5\sim8$ g 试样(精确至 0.001g),置于 400mL 高型烧杯中,加入(1+5)盐酸溶液 50mL,盖上表面皿,在电热板上煮沸 15min,取下,冷却至室温后转移到 250mL 量瓶中,用水稀释至刻度,混匀,干滤,弃去最初几毫升滤液后,保留滤液供测定用。

同时进行空白试验,即除不加试样外,其他步骤同试样溶液的制备。

2. 标准工作曲线

按表 3-4 所示,分别吸取一定体积的 0.1 mg·mL^{-1} 铜标准溶液于 5 个 100mL 量瓶中,用 0.5 mol·L^{-1} 盐酸溶液稀释至刻度,混匀。

表 3-4　标准曲线的配制

铁(Fe)		锰(Mn)	
标准溶液体积/mL	相应 Fe 的浓度/($\mu g·mL^{-1}$)	标准溶液体积/mL	相应 Mn 的浓度/($\mu g·mL^{-1}$)
0	0	0	0
1.0	1.0	0.5	0.5

铁(Fe)		锰(Mn)	
标准溶液体积/mL	相应 Fe 的浓度/($\mu g \cdot mL^{-1}$)	标准溶液体积/mL	相应 Mn 的浓度/($\mu g \cdot mL^{-1}$)
2.0	2.0	1.0	1.0
3.0	3.0	1.5	1.5
4.0	4.0	2.0	2.0

铜(Cu)		锌(Zn)	
标准溶液体积/mL	相应 Cu 的浓度/($\mu g \cdot mL^{-1}$)	标准溶液体积/mL	相应 Zn 的浓度/($\mu g \cdot mL^{-1}$)
0	0	0	0
0.5	0.5	0.5	0.5
1.0	1.0	1.0	1.0
2.0	2.0	2.0	2.0
3.0	3.0	4.0	4.0

进行测定前,根据待测元素性质,参照仪器使用说明书,进行最佳工作条件选择。然后,于各元素的相应波长处($\lambda_{Fe} = 248.3nm, \lambda_{Mn} = 279.5nm, \lambda_{Cu} = 324.6nm, \lambda_{Zn} = 213.9nm$),使用空气—乙炔氧化火焰,以元素含量为 0 的标准溶液为参比溶液,调节原子吸收分光光度计的吸光度为零后,测定各标准溶液的吸光度。

以各标准溶液的元素浓度($\mu g \cdot mL^{-1}$)为横坐标,相应的吸光度为纵坐标,绘制不同元素相应的标准工作曲线。

3.试样的测定

将试样溶液不经稀释(或根据其中元素含量将试样溶液用盐酸溶液稀释一定倍数后),在与测定标准溶液相同的条件下,测得试样溶液的吸光度,在各元素相应的标准工作曲线上查出相应的元素浓度($\mu g \cdot mL^{-1}$)。

同时,测定空白试验溶液,测定方法步骤与试样相同。

四、结果计算

1.复混肥试样中铁、锰、铜、锌各元素的含量 w,以质量分数(%)表示,按下面公式计算:

$$w(\%) = \frac{(c - c_0) \times 250 \times D}{m_0 \times 10^6} \times 100$$

式中:c——由标准工作曲线查出的试样溶液中各元素的浓度,$\mu g \cdot mL^{-1}$;

c_0——由标准工作曲线查出的空白试样溶液中各元素的浓度,$\mu g \cdot mL^{-1}$;

250——试样溶液总体积,mL;

D——测定时试样溶液的稀释倍数;

m_0——复混肥试样的质量,g。

2.允许差

质量分数	相对偏差
<0.010	≤50
0.010～0.100	≤30
>0.100	≤15

五、注意事项

1. 该方法所得的试样溶液可用于复混肥料（复合肥料）中铜、铁、锰、锌、钼的测定。

2. 硼试样溶液的制备：称取 1～5g 试样（预计试样中含硼 0.25～5mg），精确至 0.001g，置于 250mL 聚四氟乙烯烧杯中，加水 150mL，盖上表面皿，在电热板上煮沸 15min，取下，冷却至室温后转移到 250mL 量瓶中，用水稀释至刻度，混匀，干滤，弃去最初几毫升滤液后，保留滤液供测定硼用。

3. 空心阴极灯使用前应经过一段预热时间，使灯的发光强度达到稳定。预热时间随灯元素的不同而不同，一般在 20～30min 以上。

4. 每次测量后均要吸喷去离子水（或空白液），按"调零"钮调零，然后再吸喷另一试液。

实验九　化学肥料的定性鉴定

化学肥料,又称无机肥料、矿质肥料,是指用化学方法合成或某些矿物质经机械加工而生产的肥料。

一般化肥出厂时在包装上都标明该肥料的名称,成分和产地,但在运输贮存过程中,常因包装不好或转换容器而混杂,因此必须进行定性鉴定加以区别,以便合理保管施用。

一、方法原理

根据化学肥料的外观性状(颜色、结晶程度)、物理性质(气味、溶解度)和化学性质(火焰燃烧反应、化学反应)等加以鉴别,可以区分出肥料的成分和名称。

1.可以根据化肥的颜色、气味等外观特征对其种类做初步的判断。各种肥料都有其特殊颜色,可据此大体区分肥料种类。一些肥料有刺鼻的氨味或有强烈的酸味,可根据特殊气味加以区别。氮肥除石灰氮外多为结晶体;钾肥为结晶体,磷肥多为块状或粉末状的非晶体。

2.如果外表观察不易认识化肥品种,则可根据化肥在水中的溶解情况加以区别。全部溶解的为硫酸铵、氯化铵、硝酸铵、尿素、碳酸氢铵、磷酸铵、硝酸钾、硫酸钾、氯化钾等;部分溶解、部分沉于容器底部的为过磷酸钙、重过磷酸钙、硝酸铵钙等;不溶解而沉于容器底部的为钙镁磷肥、钢渣磷肥、脱氟磷肥、沉淀磷肥、磷矿粉等;绝大部分不溶解,多数漂浮于水面,有气泡发生,能闻到电石气味的是石灰氮。

3.取少许化肥样品,与碱性物质混合,能闻到氨味,则为氨态氮肥或含氨态氮的复混肥料。

4.利用肥料中阴离子、阳离子的特征反应,用相应的化学试剂来确定肥料。

二、主要仪器及试剂

2.5%氯化钡溶液:称取 2.5g 氯化钡($BaCl_2$,分析纯),溶于 100mL 水中。

1%硝酸银溶液:称取 1g 硝酸银($AgNO_3$,分析纯)溶于适量水中,加 10mL 浓硝酸,加水至 100mL。

钼酸铵硝酸溶液:称取 15g 钼酸铵,溶于 100mL 蒸馏水中,将钼酸铵溶液倒入 100mL HNO_3 溶液(分析纯,比重 1.2)中,不断搅动至最初生成的白色钼酸沉淀溶解后,放置 24h 备用。如有沉淀可用倾泻法除去。

20%亚硝酸钴钠溶液:称取 20g 亚硝酸钴钠[$Na_3Co(NO_2)_6$,分析纯],溶于水,稀释至 100mL。

稀盐酸溶液：取盐酸(HCl,分析纯,比重 1.19)42mL,加水稀释至 500mL。

0.5%硫酸铜溶液：称取 0.5g 无水硫酸铜(CuSO_4,分析纯)溶于 100mL 水中。

10%的氢氧化钠溶液：称取 10g 氢氧化钠(NaOH,分析纯)溶于 100mL 水中。

三、操作步骤

1. 看外观

可以根据化肥的颜色、气味等外观特征对其种类做初步的判断。

(1)颜色：各种肥料都有其特殊颜色,可据此大体区分肥料种类。白色：氮肥(除石灰氮外)几乎全部都呈白色,有些略带黄褐色或浅蓝色;钾肥大多为白色,有的带红色;磷酸二氢钾呈白色。灰色：粉末状为钙镁磷肥、窑灰钾肥;有多孔结块的为过磷酸钙。褐色、半透明：如磷酸二铵。

(2)气味：一些肥料有刺鼻的氨味或有强烈的酸味,可根据特殊气味加以区别,如：碳酸氢铵有强烈氨味;硫酸铵略有酸味;石灰氮有电石气味;过磷酸钙有酸味。

(3)结晶状况：氮肥除石灰氮外多为结晶体;钾肥为结晶体,磷肥多为块状或粉末状的非晶体。

2. 水溶性

如果外表观察不易认识化肥品种,则可根据化肥在水中的溶解情况加以区别。

取化肥样品一小勺,放在容器内,加 3～5 倍清水,充分搅动后,稍停,观察溶解情况：

(1)全部溶解。肥料样品全部溶解于水,它们可能是硫酸铵、硝酸铵、氯化铵、尿素、硝酸钠、氯化钾、硝酸钾、硫酸铵等。

(2)显著溶解。溶解量超过所取肥料样品的一半,它们可能是过磷酸钙、重过磷酸钙、硝酸铵钙等。

(3)微溶解。溶解量小于所取肥料样品的一半,它们可能是钙镁磷肥、沉淀磷酸钙、钢渣磷肥、脱氟磷肥、磷矿粉等。

(4)不溶解。看起来所加肥料样品并未减少,它们可能是磷矿粉,如果还会发生气泡,并且能闻到"电石味",则为石灰氮。

3. 与碱性物质作用

取少许化肥样品,与纯碱、石灰、草木灰等碱性物质混合,用玻棒搅拌,如能闻到氨味,则为氨态氮肥或含氨态氮的复混肥料。

4. 灼烧试验

把化肥样品加热或烧烧,从火焰颜色、熔融情况、烟味、残留情况,进一步识别品种。

取少许化肥放在薄铁皮或小刀片上或直接放在烧红的木炭上,观察现象：

种类	名称	现　象
氮肥	碳酸氢铵	直接分解,产生大量白烟,有强烈的氨味,无残留物
	氯化铵	直接分解或升化产生大量白烟,有强烈氨味和盐酸味,无残留物
	尿素	加热能迅速熔化、冒白烟、有氨味,取一玻璃片接触白烟时,能见玻璃片上附有一层白色结晶物
	硝酸铵	熔化并燃烧,发出亮光,有氨味,残留白色的石灰
	硝酸钠	燃烧并发出哔哔声,火焰呈橘黄色,有灰色残留物
	硫酸铵	逐渐熔化并出现"沸腾"状,冒白烟,可闻到氨味,有残烬
磷肥	过磷酸钙、钙镁磷肥、磷矿粉等	在红木炭上无变化
	骨粉	在红木炭上迅速变黑,并放出焦臭味
钾肥	硫酸钾、氯化钾、硫酸钾镁等	在红木炭上无变化,发出噼啪声
	复混肥	在红木炭上的现象差异很大,与其构成原料密切相关,当其原料中有氨态氮或酰胺态氮时,会放出强烈氨味,并有大量残渣遗留。磷酸铵肥料能在红木炭上熔化发烟,并有氨味

5.简单化学检验

取少量肥料样品,放在洁净干燥的试管中,然后将试管放在酒精灯上灼烧,观察现象。

(1)在试管中形成结晶,逐渐熔化、分解,能嗅到氨味,用湿的石蕊试纸搁在试管口,试纸能变蓝,则肥料样品是硫酸铵。

(2)在试管中形成结晶,不熔化,而是像升华一样在试管壁冷的部位生成白色的薄膜,则肥料样品为氯化铵。

(3)在试管中形成结晶,迅速熔化、沸腾,用湿的红色石蕊试纸搁在试管口,如果试纸能变蓝,则继续加热,试纸又由蓝变白,则肥料样品是硝酸铵。

(4)在试管中形成结晶,立即熔化,能产生尿素味,并且很快挥发,使湿的石蕊试纸变蓝,试管中有残渣,则肥料样品为尿素。

6.化学试剂鉴定

如果有些肥料经过上述几种方法鉴定,仍不能肯定时,可用化学试剂进一步鉴定(表3-5)。

(1)取少量肥料样品放在试管中,加 5mL 水,待其完全溶解后,滴加 5 滴 2.5% 氯化钡溶液,如有白色沉淀产生,并且加入稀盐酸溶液沉淀也不溶解,则表明肥料中含有硫酸根(SO_4^{2-}):

$$SO_4^{2-} + Ba^{2+} \longrightarrow BaSO_4 \downarrow (白色)$$

结合简单化学检验以及灼烧试验的结果,可进一步判断肥料样品的种类。例如,能使湿润的红色石蕊试纸变蓝,又含有硫酸根,表明试样为硫酸铵。灼烧试验证明是钾肥,加氯化钡有不溶于酸的白色沉淀产生,则为硫酸钾。

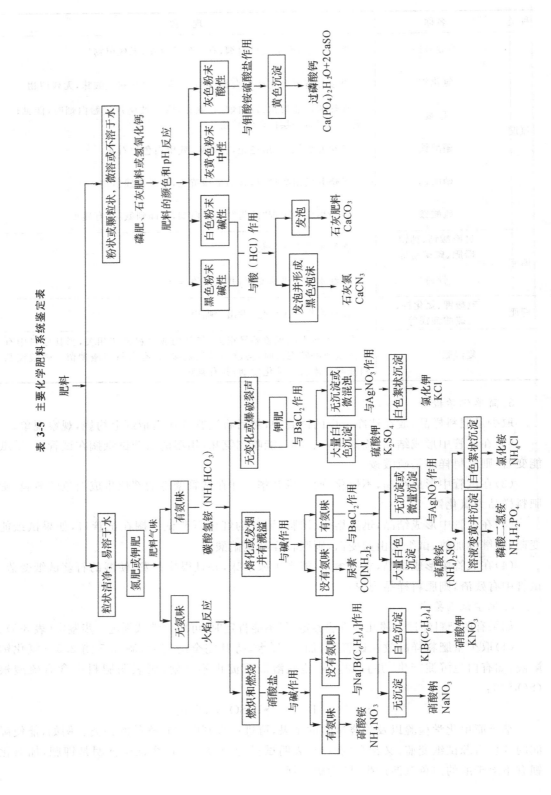

表 3-5 主要化学肥料系统鉴定表

（2）取少量肥料样品放在试管中，加 5mL 水，待其完全溶解后，滴加 5 滴 1％硝酸银溶液，如有白色絮状沉淀产生，则表明肥料中含有氯离子（Cl^-）：

$$Cl^- + Ag^+ \longrightarrow AgCl \downarrow （白色絮状物）$$

结合简单化学检验以及灼烧试验的结果，可进一步判断肥料样品的种类。例如，能使湿润的红色石蕊试纸变蓝，且硝酸银试验表明含有氯离子，表明试样为氯化铵。灼烧试验证明是钾肥，加硝酸银溶液有白色絮状沉淀产生，则为氯化钾。

（3）取少量肥料样品放在试管中，加 5mL 水，待其完全溶解后（如溶液混浊则需要过滤，取清液进行试验），加入 2mL 钼酸铵硝酸溶液，摇匀，如出现黄色沉淀，证明为水溶性磷肥。测定其酸度，如果 pH＜7，则为过磷酸钙。

（4）取少量肥料样品（加碱性物质不产生氨味的），放在试管中，加 5mL 水，待其完全溶解后，加 3 滴 20％亚硝酸钴钠溶液，用玻棒搅匀，如出现黄色沉淀，证明为含钾的化肥：

$$K^+ + Na_3Co(NO_2)_6 \longrightarrow K_2NaCo(NO_2)_6 \downarrow （黄色）+ Na^+$$

（5）取少量（约 1g）化肥于干燥试管中，在酒精灯上加热熔化，冷却后，加 2mL 水溶解，再加入 5 滴 10％氢氧化钠溶液，再加 3 滴 0.5％硫酸铜溶液，振荡摇匀，如出现淡紫色，即表明有尿素存在。

此外，将少量尿素放在手上，加少许水，会有冰凉、滑腻的感觉。

实验十　　绿肥中全氮磷钾的测定

　　绿肥是用作肥料的绿色植物体,是一种养分完全的生物肥源。种绿肥不仅是增辟肥源的有效方法,对改良土壤也有很大作用。绿肥是我国传统的重要有机肥料之一。

　　首先,绿肥来源广,数量大。由于绿肥种类多,适应性强,易栽培,农田荒地均可种植;鲜草产量高,一般亩产可达 1000~2000kg。此外,还有大量的野生绿肥可供采集利用。

　　其次,绿肥质量高,肥效好。绿肥作物有机质丰富,含有氮、磷、钾和多种微量元素等养分,它分解快,肥效迅速,一般含 1kg 氮素的绿肥,可增产稻谷、小麦 9~10kg。再次,绿肥有利于改良土壤,防止水土冲刷。由于绿肥含有大量有机质,能改善土壤结构,提高土壤的保水保肥和供肥能力;绿肥有茂盛的茎叶覆盖地面,能防止或减少水、土、肥的流失。

　　再次,使用绿肥,投资少,成本低。绿肥只需少量种子和肥料,就地种植,就地施用,节省人工和运输力,比化肥成本低。

　　最后,绿肥可综合利用,效益大。绿肥可作饲料喂牲畜,发展畜牧业,而畜粪可肥田,互相促进;绿肥还可作沼气原料,解决部分能源,沼气池肥也是很好的有机肥和液体肥;一些绿肥如紫云英等是很好的蜜源,可以发展养蜂。所以,发展绿肥能够促进农业全面发展。

　　适合南方种植的绿肥作物品种有很多,主要有:

　　(1)豆科绿肥作物。如紫云英,又叫红花草、草子,是豆科越年生草本植物。是稻田最主要的冬季绿肥作物。紫云英鲜草含氮(N)0.4%、含磷(P_2O_5)0.11%、含钾(K_2O)0.35%;紫云英干草含粗蛋白质 24%、粗脂肪 4.7%、粗纤维 15.6%、灰分 7.6%。它不仅是优质的有机肥,还是牲畜的好饲料。

　　(2)十字花科绿肥作物。如肥田萝卜(茹菜,满园花),一年生直立草本,是冬季优良绿肥品种之一。鲜草中含氮(N)0.31%、含磷(P_2O_5)0.18%、含钾(K_2O)0.26%。还有油菜,一年生草本,种子油用,植株饲肥兼用。

　　(3)菊科绿肥作物。如金光菊,多年生草本,多作夏季绿肥。金光菊顶端幼嫩茎叶中,氮、磷、钾(干样)的含量分别为 2.718%、1.158%、4.852%;基部以上茎叶部分,分别为 2.718%、0.316%、1.948%。

　　(4)满江红科绿肥作物。如绿萍,又名满江红、红萍,是一种蕨类植物。它能在河、湖、沟、塘等自然水面或水田中放养。在绿萍背叶的共生腔内,有鱼腥藻共生,具有固氮能力。绿萍在条件适宜时平均 2 天左右可增殖 1 倍,是繁殖快、固氮能力强的重要水生绿肥。鲜物重含氮(N)0.2%、含磷(P_2O_5)0.02%、含钾(K_2O)0.12%。

　　(5)苋科绿肥作物。如水花生(小苋菜、革命草),多年生宿根植物,水生或湿生,生长力很强,农田种植易成草害,饲肥兼用。

(6)雨久花科绿肥作物:水葫芦(凤眼莲),多年生水生植物,饲肥兼用,植株干物质中氮、磷、钾的含量分别为 3.07%,0.46%,5.7%。

要充分发挥绿肥的增产作用,必须做到合理施用。

一、方法原理

植物中的氮、磷大多数以有机态存在,钾元素以离子态存在。绿肥样品在浓 H_2SO_4 和氧化剂 H_2O_2 的共同消煮下,有机物被氧化分解,有机氮和磷转化成铵盐和磷酸盐,钾也全部释放出来。消煮液经定容后,可用于氮、磷、钾的定量。采用 H_2O_2 为加速消煮的氧化剂,不仅操作手续简单快速,对氮、磷、钾的定量没有干扰,而且具有能满足一般生产和科研工作所要求的准确度。但要注意遵照操作规程要求操作,防止有机氮被氧化成氮气(N_2)或氮氧化物而损失。

植物样品经开氏消煮,各种形态的氮(不含硝态氮)转化为铵盐,各种形态的磷转变成磷酸盐,钾以离子态存在于消煮液。其中的铵经碱化转变成氨,在碱性条件下与次氯酸盐和苯酚作用,生成可溶性靛酚蓝染料。溶液中的蓝色很稳定,颜色深浅与其中氮含量呈正相关,在 625nm 波长处有特征吸收,可比色测定。待测液中的正磷酸与偏钒酸和钼酸能生成黄色的三元杂多酸,其吸光度与磷浓度成正比,可在波长 400~490nm 处用吸光光度法测定。磷浓度较高时选用较长的波长,较低时选用较短波长。与钼蓝比色法相比,对酸度和显色剂浓度的要求也不十分严格,干扰较少,在可见光范围内灵敏度较低,测量适用范围广(约为 1~20mg·L^{-1}),故广泛应用于含磷较高而且变幅较大的植物和肥料样品中磷的测定。待测液中的 K 可用火焰光度法测定。

二、主要仪器及试剂

1. 主要仪器

分析天平(0.0001g 感量),消煮炉,紫外—可见分光光度计,火焰光度计等。

2. 试剂

硫酸:分析纯,H_2SO_4,比重 1.84。

30% 过氧化氢:H_2O_2,分析纯。

0.25%甲基红乙醇溶液:称取 0.25g 甲基红($C_{15}H_{15}N_3O_2$,分析纯),溶解于 100mL 60%乙醇。

EDTA-甲基红溶液:称取 16g 乙二胺四乙酸二钠盐(英文简写:EDTA—Na_2,分子式:$C_{10}H_{14}N_2Na_2O_8$,分析纯),溶于 500mL 水,加入 10mL 0.25%甲基红乙醇溶液。

0.3mol·L^{-1}氢氧化钠溶液:称取 13.3g 氢氧化钠(NaOH,分析纯),溶解于水,定容至 1000mL 容量瓶。

酚溶液:分别称取 10g 苯酚(C_6H_5OH,分析纯)和 0.1g 硝普钠($Na_2[Fe(CN)_5NO]·2H_2O$,分析纯),溶于 1000mL 水中。此试剂不稳定,应贮存于棕色瓶中,放置于 4℃ 的冰箱中。使用时温热至室温。

次氯酸钠碱性溶液:分别称取 10g 氢氧化钠(NaOH,分析纯),7.06g 磷酸氢二钠($Na_2HPO_4·7H_2O$,分析纯),31.8g 磷酸钠($Na_3PO_4·12H_2O$,分析纯),10mL 5.25%次氯酸

钠溶液（NaClO，即有效氯含量为 5% 的漂白粉溶液，分析纯），溶于 1000mL 水中。贮存于棕色瓶中，放置于 4℃ 的冰箱中。使用时温热至室温。

$5\mu g\cdot mL^{-1}$ 铵态氮（NH_4^+-N）标准溶液：准确称取 0.4717g 硫酸铵[$(NH_4)_2SO_4$，分析纯，使用前经 105℃ 烘干至恒重]，溶于水，转入 1000mL 容量瓶，定容。配制成含铵态氮（N）$100\mu g\cdot mL^{-1}$ 的标准贮存液。使用前，移取标准贮存液 5mL，加水稀释至 100mL，即为 $5\mu g\cdot mL^{-1}$ 铵态氮（N）标准溶液。

钒钼酸铵溶液：称取 25.0g 钼酸铵[$(NH_4)_6Mo_7O_2\cdot 4H_2O$，分析纯]，溶于 400mL 水（必要时可适当加热，但温度不得超过 60℃）。另外称取 1.25g 偏钒酸铵（NH_4VO_3，分析纯），溶于 300mL 沸水中，冷却后加入 250mL 浓 HNO_3（分析纯）。将钼酸铵溶液缓缓注入钒酸铵溶液中，不断搅拌，最后加水稀释至 1000mL，贮于棕色瓶中。

$6mol\cdot L^{-1}$ 氢氧化钠溶液：称取 24g 氢氧化钠（NaOH，分析纯）溶于水，稀释至 100mL。

$2g\cdot L^{-1}$ 二硝基酚指示剂：称取 0.25g 2,6-二硝基酚或 2,4-二硝基酚[$HOC_6H_3(NO_2)_2$，分析纯]溶于 100mL 水中。其变色范围是：pH2.4（无色）～4.0（黄色），变色点是 pH3.1。

$50\mu g\cdot mL^{-1}$ 磷（P）标准溶液：准确称取 0.2195g 磷酸二氢钾（KH_2PO_4，分析纯，使用前经 105℃ 烘干至恒重），加水溶解，转入 1000mL 容量瓶，加水至～400mL，加入 5mL 浓 H_2SO_4，定容。装入塑料瓶中低温保存备用。

$1000\mu g\cdot mL^{-1}$ 钾（K）标准溶液：准确称取 1.9068g 氯化钾（KCl，分析纯，预先在 105～110℃ 干燥 2h），溶于水，转入 1000mL 容量瓶中，定容。保存于塑料瓶中。

氯化钠溶液：称取 127.1g（NaCl，分析纯），溶于水，转入 1000mL 容量瓶，定容。此溶液钠（Na）的浓度约为 $50mg\cdot mL^{-1}$。

三、操作步骤

1. 待测液的制备——H_2SO_4—H_2O_2 法

称取通过 0.5mm 筛的绿肥样品 0.3～0.5g（精确至 0.0001g），装入 100mL 开氏瓶或消煮管的底部，加 5mL 浓 H_2SO_4，摇匀（最好放置过夜），加一只弯颈小漏斗。在消煮炉上先小火加热，待 H_2SO_4 发白烟后再升高温度，当溶液呈均匀的棕黑色时取下。稍冷后加 10 滴 H_2O_2，再加热至微沸，消煮约 7～10min，稍冷后再次滴加 H_2O_2，再消煮。如此重复数次，每次添加的 H_2O_2 应逐次减少，消煮至溶液呈无色或清亮后，再加热 10min，除去剩余的 H_2O_2。取下冷却后，将小漏斗放在 100mL 容量瓶上，将消煮液无损地转移入容量瓶中，用水洗涤 3～5 次，全部并入容量瓶。冷却至室温后定容。用无磷钾的干滤纸过滤，或放置澄清后吸取清液测定氮、磷、钾。

每批消煮的同时，进行空白试验，以校正试剂和方法的误差。

2. 氮的测定——靛酚蓝比色法

移取部分待测液，稀释 10 倍。移取稀释后的待测液 1mL（含 NH_4^+-N 1.5～25μg）至 50mL 容量瓶，加入 EDTA-甲基红溶液 1mL，用 $0.3mol\cdot L^{-1}$ 氢氧化钠溶液调节 pH=6 左右（即溶液由红色变为黄色），再依次加入 5mL 酚溶液、5mL 次氯酸钠碱性溶液，摇匀，定容。1h 后，用 1cm 比色皿在 625nm 波长处进行比色，读取吸光度值。

分别移取 $5\mu g\cdot mL^{-1}$ 铵态氮（NH_4^+-N）标准溶液 0, 0.5, 1.0, 2.0, 3.0, 4.0, 5.0mL 于 50mL 容量瓶中，各加入 1mL 空白消煮液。同上操作步骤进行显色以及比色测定。绘制出标准工作曲线。

3. 磷的测定——钒钼酸铵比色法

准确移取 15mL 消煮液(含 P $0.05\sim1.0$mg)于容量瓶中,加 2 滴二硝基酚指示剂,用 6mol$\cdot$L^{-1} 氢氧化钠溶液中和至刚呈黄色,准确加入 10.00mL 钒钼酸铵溶液,用水定容。15min 后,用 1cm 比色皿在波长 440nm 处进行测定,以空白溶液(空白溶液消煮液按上述步骤显色)调节仪器零点。

准确吸取 50μg$\cdot$mL^{-1} 磷(P)标准溶液 $0,1.0,2.5,5.0,7.5,10.0,15.0$mL,分别放入 50mL 容量瓶中,按上述操作步骤进行显色,即得 $0,1.0,2.5,5.0,7.5,10,15.0\ \mu$g$\cdot$mL^{-1}磷(P)标准系列溶液,与待测液一起进行测定,绘制出标准工作曲线。

4. 钾的测定——火焰光度法

准确吸取 1000μg$\cdot$mL^{-1} 钾(K)标准溶液 $0,2.5,5.0,7.5,12.5,17.5,20.0,25.0$mL,分别放入 250mL 容量瓶中,各加入 25mL 氯化钠溶液,定容。即得 $0,10,20,30,50,70,80,100\mu$g$\cdot$mL^{-1}钾(K)标准系列溶液。以检流计读数为纵坐标,钾浓度为横坐标绘制标准工作曲线。

移取 10mL 消煮液于 50mL 容量瓶中,加入 4mL 氯化钠溶液,定容。进行火焰光度测定,取检流计读数。

四、结果计算

1. 绿肥中全氮含量

根据样品比色液中铵态氮(NH_4^+-N)的浓度(μg$\cdot$mL^{-1})计算绿肥样品中全氮含量,%:

$$N(\%) = \frac{\rho \times V \times t_s \times 10^{-6}}{m_0} \times 100$$

式中:ρ——从标准工作曲线上查得的比色液中氮(NH_4^+-N)的浓度,μg$\cdot$mL^{-1};

V——显色液的体积,mL;

t_s——分取倍数,消煮液的体积(mL)/吸取消煮液的体积(mL);

m_0——试样质量,g。

2. 绿肥中全磷含量

根据样品比色液中磷(P)的浓度(μg$\cdot$mL^{-1})计算绿肥样品中全磷含量,%:

$$P(\%) = \frac{\rho \times V \times t_s \times 10^{-6}}{m_0} \times 100$$

式中:ρ——从标准工作曲线上查得的比色液中磷(P)的浓度,μg$\cdot$mL^{-1};

V——显色液的体积,mL;

t_s——分取倍数,消煮液的体积(mL)/吸取消煮液的体积(mL);

m_0——试样质量,g。

3. 绿肥中全钾含量

根据样品比色液中钾(K)的浓度(μg$\cdot$mL^{-1})计算绿肥样品中全钾含量,%:

$$K(\%) = \frac{\rho \times V \times t_s \times 10^{-6}}{m_0} \times 100$$

式中:ρ——从标准工作曲线上查得的比色液中钾(K)的浓度,$\mu g \cdot mL^{-1}$;

V——显色液的体积,mL;

t_s——分取倍数,消煮液的体积(mL)/吸取消煮液的体积(mL);

m_0——试样质量,g。

五、注意事项

1. 浓 H_2SO_4—H_2O_2 法不包括硝态氮,适合于含硝态氮低的植物样品的测定。

2. 消化所用的 H_2O_2 应不含氮和磷。H_2O_2 在保存中可能自动分解,加热和光照能促使其分解,故应保存于阴凉处。加入少量 H_2SO_4 酸化,可防止 H_2O_2 分解。

3. 在滴加 H_2O_2 时,应直接滴入瓶底液中,如滴在瓶颈、内壁上,将不能起氧化作用,若遗留下来还会影响磷的显色。

4. 钒钼黄吸光光度法适合于含磷量较高的植物样品的测定(如籽粒样品)。

5. 火焰光度法测钾,溶液的酸度对测定结果有影响(酸的存在会大大降低钠光的强度),一般要求酸浓度不超过 $0.25mol \cdot L^{-1}$。酸浓度在 $0.2mol \cdot L^{-1}$ 时对钾、钠的测定几乎没有影响。

6. 火焰光度法测钾的标准液和待测液的组成应基本相同,溶液组成(包括酸碱和阴、阳离子的浓度)的改变对测定结果都有影响,因此应力求标准溶液与待测液一致。

7. 火焰光度计的光电池使用时间不可过长,否则会产生疲劳现象而导致误差。因此应在使用 2h 后,休息一下。

实验十一　尿素分解速率的测定

尿素是一种高浓度氮肥,属中性速效肥料,也可用于生产多种复合肥料。在土壤中不残留任何有害物质,长期施用没有不良影响。畜牧业可用作反刍动物的饲料。但在造粒中温度过高会产生少量缩二脲,又称双缩脲,对作物有抑制作用。我国规定肥料用尿素缩二脲含量应小于 0.5%。

尿素是有机态氮肥,施入土壤中一小部分以分子态溶于土壤溶液中,通过氢键作用被土壤吸附,其他大部分经过土壤中的脲酶作用,水解成碳酸铵或碳酸氢铵后,NH_4^+ 能被植物吸收和土壤胶体吸附,也能被植物吸收。因此,尿素要在作物的需肥期前 4～8 天施用,尿素施入土壤后也不残留任何有害成分。

尿素适用于一切作物和所有土壤,可用作基肥和追肥,旱地水田均能施用。由于尿素在土壤中转化可积累大量的铵离子,会导致 pH 升高 2～3 个单位,再加上尿素本身含有一定数量的缩二脲,其浓度在 500mg·L^{-1} 时,便会对作物幼根和幼芽起抑制作用,因此尿素不易用作种肥。尿素在转化前是分子态的,不能被土壤吸附,应防止随水流失;转化后形成的氨也易挥发,所以尿素要深施覆土。

尿素在土壤中转化受土壤 pH 值、温度和水分的影响,在土壤呈中性反应,水分适当时土壤温度越高,转化越快;当土壤温度为 10℃ 时,尿素完全转化成铵态氮需 7～10 天;当土壤温度上升 10℃,尿素完全转化成铵态氮的时间缩短为 4～5 天;当土壤温度达到 30℃ 时,仅需 2～3 天尿素就可以完全转化成铵态氮。

一、方法原理

尿素与对二氨基苯甲醛在酸性条件下能形成较稳定的黄色络合物,在 420nm 波长处有最大吸收峰,尿素浓度在 7.3～210μg·mL^{-1} 范围内,溶液浓度与颜色呈正相关,符合朗伯－比尔定律,可以用来测定溶液中尿素的含量。为了避免铁的干扰,测定时用 435nm 波长。

二、主要仪器及试剂

1. 主要仪器

容量瓶、三角瓶等一般玻璃器皿,分析天平(0.01g 感量),恒温振荡器,恒温培养箱,紫外-可见分光光度计等。

2. 试剂

饱和硫酸钙溶液:将水加热到大约 40～50℃,然后在搅拌时加入半水硫酸钙(硫酸钙,

$CaSO_4 \cdot 1/2H_2O$，分析纯）。冷却到常温后的澄清水溶液就是饱和的硫酸钙溶液。

显色剂：称取 20g 对-二甲氨基苯甲醛（$C_9H_{11}NO$，分析纯），溶于 1000mL 乙醇（分析纯，95%），加入 100mL 浓盐酸（HCl，分析纯），混匀。贮存于棕色试剂瓶中，可稳定 3 周。

$1mg \cdot mL^{-1}$ 尿素标准溶液：称取 1.0000g 尿素［$CO(NH_2)_2$，分析纯］，溶于水，转入 1000mL 容量瓶，定容。

尿素：市售肥料。

三、操作步骤

1. 添加培养实验

采集不同类型耕层土壤，风干研细，过 1mm 筛，备用。

按每 100g 土添加 5g 尿素，保持田间持水量，拌匀，置于恒温培养箱中培养。分别于培养后第 0,1,2,3,4,5 天取样测定土壤中的尿素含量。

2. 尿素的测定

取土样 5.00g 于 150mL 三角瓶中，加 100mL 饱和硫酸钙溶液，加塞，振荡 10min。过滤，移取 5mL 滤液于 50mL 容量瓶中，加入 10mL 显色剂，摇匀，冷却后加水定容。用 1cm 比色皿在 435nm 波长处测定，记录吸光度值。

分别移取 $1mg \cdot mL^{-1}$ 尿素标准溶液 0,1.0,2.0,5.0,10.0,15.0mL 于 50mL 容量瓶中，加入 10mL 显色剂，摇匀，冷却后加水定容，此标准溶液系列的尿素浓度分别为 0,20,4,10,200,300$\mu g \cdot mL^{-1}$。用 1cm 比色皿在 435nm 波长处测定，记录吸光度值。绘制标准工作曲线。

四、结果计算

1. 土壤中尿素残留量的计算

土壤中残留尿素含量 $w(\mu g \cdot g^{-1})$ 用下式计算：

$$w = \frac{\rho \times 50 \times \frac{100}{5}}{5 \times (1-t)} = \frac{\rho}{1-t} \times 200$$

式中：ρ——样品溶液中尿素含量的测定值，$\mu g \cdot mL^{-1}$；

t——风干土样的含水率，%。

2. 尿素的分解速率

对不同培养时间的土壤样品中的尿素含量进行测定，根据测定结果，以培养时间为横坐标，以尿素含量为纵坐标作图。

对尿素在土壤中的分解情况进行拟合，并计算尿素的分解速率，并讨论尿素在不同类型土壤中的分解情况。

五、注意事项

1. 对于不同类型的土壤，其田间持水量有所不同。应在试验前进行测定，再按照测定结果添加水，进行培养实验。

2. 比色测定时，应顺着比色皿壁将待测溶液慢慢倒入，以防产生气泡影响测定。

实验十二　磷肥在土壤中的有效性

　　我国的磷肥品种,大体可分为四类:水溶性磷肥,包括普通过磷酸钙、重过磷酸钙、磷酸一铵,磷酸二铵等;枸溶性磷肥,包括钙镁磷肥、钢渣磷肥、沉淀磷酸钙等;混溶性磷肥,即含有水溶性、枸溶性甚至难溶性磷的磷肥,如硝酸磷肥、节酸磷肥(又称部分酸化磷矿粉)、氨化普通过磷酸钙等;难溶性磷肥,如磷矿粉等。

　　一般地,水溶性磷肥适用于一切土壤,一切作物,但最好用于中性和石灰性土壤。枸溶性磷肥适用于酸性土壤,此时,其等量的肥效常可高于水溶性磷肥。难溶性磷肥则只适用于强酸性土壤(pH 值<5.5)。

　　磷肥一旦施入土壤之后,几乎是立即就进行着化学的、生物化学的和生物的转化作用。这些转化作用极大地影响着磷肥的有效性,这种转化作用有不利的一面,但也有有利的一面。

　　水溶磷肥施入土壤之后,产生两大作用:一是化学沉淀作用,二是吸附作用。例如,当磷酸一钙颗粒施入土壤后,就会吸收土壤水分,形成含有磷酸和磷酸二钙(二水)的饱和溶液,这种具有强酸性(pH 值为 1.5 左右)的饱和溶液向肥粒外面扩散。在酸性和中性土壤中,饱和溶液向外扩散时,溶解土壤中的一部分铁、铝、钙,浓度够大时,形成难溶性的磷酸铁、磷酸铝等沉淀,从而使水溶性的磷被土壤“固定”。在石灰性土壤中,饱和溶液与石灰性土壤中的钙生成磷酸二钙沉淀。初生成的磷酸铁、磷酸铝、磷酸钙等盐类,由于有很大的比表面,因而对作物还是具有很大的有效性的。但随着时间的延续,生成物老化、结晶,一部分磷还会转化为闭蓄态磷,肥效就大大下降了。

　　沉淀作用必需的条件是磷的浓度要高到超过沉淀产物的浓度积。在一般土壤中,磷的浓度,铁、铝的浓度都很低,形不成沉淀。施入土壤的水溶性磷肥,主要在土壤中进行吸附作用,即溶解在土壤溶液中的磷被土粒吸附而进入土壤固相。吸附作用是在土粒表面进行的。被吸附的磷对作物一般是有效的,因为它与土壤溶液中的磷处于平衡状态。被吸附的磷结合能愈大,其肥效也就愈小。随着时间的延长,被吸附的磷可以进一步转化,如在酸性土壤中可由“单核”结构转化为“双核”结构,其肥效即大大降低,而且部分磷可以逐渐渗透到土粒内部而转化成闭蓄态磷,即磷的外面被一层铁膜包被,因此有效性很小。

　　枸溶性和难溶性磷肥都是不溶于水的磷肥,如钙镁磷肥和磷矿粉。施入土壤后的转化过程与水溶性磷肥不同,主要是一个溶解过程。所以这些磷肥一般只适用于酸性土壤,依靠土壤酸性逐渐溶解,使它变为有效。磷矿粉施入酸性土壤后,即与土壤中的酸作用而部分溶解,生成的水溶性或有效性磷又大部分重新与土壤中的铁、铝作用而生面磷酸铁、磷酸铝。

这种溶解作用到第二年时,有50％的磷矿粉可被溶解。当大部分磷矿粉转化为磷酸铁、磷酸铝后,溶解作用显著减慢。这种情况与钙镁磷肥的转化情况相似,只是钙镁磷肥的转化速度快得多,而且在第二年几乎全部都转化为磷酸铁、磷酸铝。

水溶性磷肥(普通过磷酸钙)开始释放磷很高,但由于"固定"作用,到第二年有效磷水平降低到某一水平。此后,有效磷水平的下降速度大大减慢。而钙镁磷肥和磷矿粉的有效磷水平则是随着时间的延长不断增加。

钙镁磷肥和磷矿粉有两点不同:一是钙镁磷肥的有效磷水平增长到第二年,即出现下降趋势,而磷矿粉则一直上升,虽然速度有所变慢。二是在等量的肥料情况下,钙镁磷肥所提供的有效磷比磷矿粉高得多。

与氮肥、钾肥相比较,磷肥的利用率低得多。在我国,不论是大田试验或盆栽,其中包括用放射性同位素的试验结果都表明,磷肥的利用率大体在10％～25％的范围。根据各省849个试验结果的统计,水稻的磷肥利用率变化幅度为8％～20％,平均为14％;小麦为6％～26％,平均为10％;玉米10％～23％,平均为18％;棉花4％～32％,平均为6％;紫云英9％～34％,平均为20％。一般说,谷类和棉花的利用率较低,而豆科和绿肥的利用率较高。磷肥利用率低的主要原因有两点:第一个原因是磷肥在土壤中的固定,不论水溶性、枸溶性和难溶性磷肥都存在这个问题。第二个原因是磷在土壤中的运动很弱(这个原因实际上是第一个原因的结果)。

土壤中的养分只有与根系直接接触才能被作物实际吸收。那些不与根系接触的养分必须通过根系截获、质流和扩散三种方式到达根系表面。根系截获是指根系自身生长时,延伸到养分的所在部位。质流是指溶解在土壤溶液中的养分,随着向根液流,运动到达根面。扩散是指由于在紧贴根面的养分被吸收而形成一个亏缺区,这个区的养分浓度低于土体,因而造成土体养分向根面运动。

对于磷来说,由于土壤溶液中浓度很低(通常只有 $0.05mg \cdot L^{-1}$ 或更低),质流所能供给的磷很少。比如在 $0.05mg \cdot L^{-1}$ 浓度时,质流只能供给作物磷需要量的1％,作物磷的获得主要是靠扩散(90％以上)。但是,磷的扩散系数很小(即运动性很小),它24h的移动距离只有1～4毫米,所以,磷的利用率就很低。

为了提高磷肥的利用率,经济合理的施用磷肥,减少水溶性磷肥在土壤中的固定作用;对枸溶性磷肥,应尽量增加它在土壤中的溶解作用;尽可能增加磷肥与作物根系直接接触的机会。集中施肥,与有机肥拌和后施,水田撒施磷肥、水稻施磷用沾秧根、塞秧斗等方法,都是行之有效的磷肥经济施用技术。

一、方法原理

不同种类的磷肥适用于不同的土壤,这是合理使用磷肥、充分发挥磷肥肥效的基础。有些在化学上有效的养分,由于各种原因作物并不能吸收利用,所以实际是"无效"的。化学有效性的养分必须被作物实际吸收,才真正是对生物有效的,称为生物有效性。生物有效性的前提是化学有效性。

将常用磷肥(如过磷酸钙、钙镁磷肥和部分酸化磷肥)加到碱性、中性和酸性土壤中培养一定时间后,提取测定土壤中的有效磷,可以了解不同磷肥在不同土壤中有效磷的释放和固定情况。

二、主要仪器及试剂

1. 主要仪器

分析天平、恒温振荡器、恒温培养箱、紫外—可见分光光度计等。

2. 试剂

二硝基酚指示剂溶液：称取 0.25g 2,6-二硝基酚或 2,4-二硝基酚,溶解于 100mL 水中。此指示剂的变色点约为 pH3,酸性时无色,碱性时呈黄色。

$4mol \cdot L^{-1}$ NaOH 溶液：称取 16.0g 氢氧化钠(NaOH,分析纯),溶解于 100mL 水中。

$2mol \cdot L^{-1}(1/2H_2SO_4)$ 溶液：吸取浓硫酸(H_2SO_4,分析纯)6mL,缓缓加入 80mL 水中,边加边搅动,冷却后加水至 100mL。

钼锑抗试剂：由试剂 A 与试剂 B 混合而成。A. $5g \cdot L^{-1}$ 酒石酸氧锑钾溶液：称取 0.5g 酒石酸氧锑钾[$K(SbO)C_4H_4O_6$,分析纯],溶解于 100mL 水中。B. 钼酸铵—硫酸溶液：称取 10.0g 钼酸铵[$(NH_4)_6Mo_7O_{24} \cdot 4H_2O$,分析纯],溶于 450mL 水中,再缓慢地加入 153mL 浓 H_2SO_4,边加边搅。将上述 A 溶液加入到 B 溶液中,最后加水至 1000mL。充分摇匀,贮于棕色瓶中,此为钼锑混合液。临用前(当天),称取 1.5g 左旋抗坏血酸($C_6H_8O_5$,分析纯),溶于 100mL 钼锑混合液中,混匀,此即钼锑抗试剂。有效期 24h,如贮存冰箱中则有效期较长。此试剂中,H_2SO_4 为 $5.5mol \cdot L^{-1}(H^+)$,钼酸铵为 $10g \cdot L^{-1}$,酒石酸氧锑钾为 $0.5g \cdot L^{-1}$,抗坏血酸为 $15g \cdot L^{-1}$。

磷标准溶液：准确称取 0.2195g 磷酸二氢钾(KH_2PO_4,分析纯,预先在 105℃ 烘箱中烘干),溶解于 400mL 水中,加浓 5mL 液 H_2SO_4(加 H_2SO_4 防长真菌,可使溶液长期保存),转入 1000mL 容量瓶中,定容。此溶液为 $50\mu g \cdot mL^{-1}$ P 标准溶液。吸取上述磷标准溶液 25mL,稀释至 250mL,即为 $5\mu g \cdot mL^{-1}$ P 标准溶液(此溶液不宜久存)。

$0.5mol \cdot L^{-1}$ 碳酸氢钠浸提液：称取 42.0g 碳酸氢钠($NaHCO_3$,分析纯)溶解于 800mL 水中,以 $0.5mol \cdot L^{-1}$ NaOH 溶液调节浸提液的 pH 至 8.5,再稀释至 1000mL。此溶液曝于空气中可因失去 CO_2 而使 pH 增高,可于液面加一层矿物油保存之。此溶液贮存于塑料瓶中比在玻璃中容易保存,若贮存超过 1 个月,应检查 pH 是否改变。

无磷活性炭：活性炭常含有磷,应做空白试验,检验有无磷存在。如含磷较多,须先用 $2mol \cdot L^{-1}$ HCl 浸泡过夜,用蒸馏水冲洗多次后,再用 $0.5mol \cdot L^{-1}$ $NaHCO_3$ 浸泡过夜,在瓷布氏漏斗上抽气过滤,每次用少量蒸馏水淋洗多次,并检查到无磷为止。如含磷较少,则直接用 $NaHCO_3$ 处理即可。

三、操作步骤

将碱性土壤、中性土壤或微酸性土壤和酸性土壤风干磨细,过 1mm 筛,备用。

分别取 100.00g 土样装入烧杯中,分别加入 1.00g 过磷酸钙、钙镁磷肥、部分酸化磷肥,保持田间持水量,充分拌匀,上盖表面皿,放入恒温培养箱中培养。

培养 5~7 天后,分别取培养土各 5.00g,放入三角瓶中,加入一小勺无磷活性炭,再加入 $0.5mol \cdot L^{-1}$ 碳酸氢钠浸提液 100mL,加塞振荡半小时。过滤,弃去最初滤液,移取 2mL 滤液于 50mL 容量瓶中,加 20mL 水,滴加 2 滴二硝基酚指示剂溶液,用稀酸或稀碱调至微黄色,加 5mL 钼锑抗溶液,显色半小时后,加水定容。摇匀,在 700nm 处比色,测定有效磷含量。

四、结果计算

根据试验结果,计算出不同磷肥在不同土壤中的有效磷水平,并比较不同土壤、不同磷肥的释放情况,讨论其中的原因。

实验十三　植物营养缺素诊断

农作物正常生长发育需要吸收各种必要的营养元素,如果缺乏任何一种营养元素,其生理代谢就会发生障碍,作物不能正常生长发育,使根、茎、叶、花或果实在外形上表现出一定的症状,并导致农作物减产,通常称为农作物的缺素症。

植物营养缺素是农业生产中经常发生的一种情况,由于施肥不足、施肥不平衡或土壤养分供应和植株吸收养分出现障碍等,都将使农作物出现缺素症状。植物发生营养元素缺乏的一般原因有:①土壤营养元素的缺乏;②土壤反应(pH)不适;③营养成分的不平衡;④土壤理化性质不良;⑤植物根系吸收受阻;⑥营养元素之间的拮抗;⑦不良的气候条件等。

对植株缺素症状进行调查和分析诊断,有利于指导施肥,矫正植物营养的缺素症状。

一、植物必需营养元素

确定为植物必需营养元素的 3 个条件是:①这种元素对植物的营养生长和生殖生长是必不可少的,当它完全缺乏时,植物就不能完成其生命周期;②植物对这种元素的需要是专一的,其他元素不能代替它的作用,缺乏时,植物会出现特殊的缺乏症状,只有这种元素满足时,症状才会消除;⑧这种元素必须在植物体内起直接作用,而不仅仅是起改善植物生长环境的间接作用。

在植物体内经常可以检测到 70 多种化学元素,但国际公认的高等植物生长发育所需的必需营养元素仅有 16 种,它们是碳(C)、氢(H)、氧(O)、氮(N)、磷(P)、钾(K)、钙(Ca)、镁(Mg)、硫(S)、铁(Fe)、硼(B)、锰(Mn)、铜(Cu)、锌(Zn)、钼(Mo)和氯(Cl)。按植物对它们需要量的多少,可分为大量营养元素、中量营养元素和微量营养元素。大量营养元素包括碳、氢、氧、氮、磷、钾;中量营养元素有钙、镁、硫;微量元素包括铁、硼、锰、铜、锌、钼和氯。现在也有学者认为镍(Ni)是第 17 种必需营养元素。

根据在植物体内的移动性,必需元素可分为两类。①可移动的元素,如 N、P、K、Mg、Zn、B、Mo,这些元素在植物体内可被再利用。当植物缺乏这些元素时,这些元素从老的部位转移到幼嫩部位,因此缺素症状表现在老叶上。②难移动的元素,包括 Ca、S、Fe、Mn、Cu,这些元素被利用后,很难移动。当植物缺乏这些元素时,新生的组织首先表现出缺素症状。

1. 氮(N)

氮占植物干物质量的 1%～3%。植物吸收的氮以无机氮为主(NO_3^-,NO_2^-,NH_4^+),有时也吸收简单的有机氮,如尿素$[CO(NH_2)_2]$和氨基酸等。氮在植物生命活动中具有重要的作用,是许多重要化合物的组分。例如,遗传物质(核酸)、生物催化剂(酶)、酶活性调节物质(维生素,辅基,辅酶,激素)、细胞膜的骨架(磷脂)、光受体(叶绿素,光敏素),能量载体(ADP、ATP 等)、渗透物质(脯氨酸,甜菜碱)。缺氮时,较老的叶片先退绿变黄,有时会在茎、叶柄或老叶上出现紫色。严重缺氮时,叶片脱落,植株矮小。氮素在体内的代谢特点是可以移动,可再利用,(当植株)缺氮时,老叶中的氮素转移到新生组织,满足组织对氮素的需要,因此,缺氮症状首先表现在老叶上(老叶退绿变黄)。

2.磷(P)

磷在植物生命活动中也起着非常重要的作用。植物主要以 $H_2PO_4^-$ 的形式吸收磷。磷也是许多重要化合物的组分:遗传物质(核酸)、膜的骨架(磷脂)、酶活性调节者(磷酸辅基,辅酶和维生素等)、能量载体(ATP、ADP 等)、调节物质运输(磷酸蔗糖)、调节 pH 值。植物缺磷时,叶片暗绿,茎叶出现红紫色。磷在植物体内的代谢特点是可以移动,可再利用,所以缺磷症状首先表现在老叶上。

3.钾(K)

钾也是植物体内的重要元素,是体内必需元素中唯一的一价金属离子,在体内呈离子态。钾在体内的主要作用是调节作用:调节气孔开闭,调节根系吸水和水分向上运输(根压),渗透调节,调节酶活性(许多酶的活化剂,如谷胱甘肽合成酶,琥珀酸 CoA 合成酶,淀粉合成酶,琥珀酸脱氢酶,果糖激酶,丙酮酸激酶等 60 多种酶),平衡电性(在氧化磷酸化中,K^+ 与 Ca^{2+} 作为 H^+ 的对应离子平衡电荷;在光合磷酸化中,K^+ 与 Mg^{2+} 作为 H^+ 的对应离子平衡的电荷),调节物质运输(韧皮部含有大量的 K^+)。钾的缺素症状是叶尖与叶缘先枯萎,逐渐呈烧焦状。由于钾在植物体内是可移动可再利用的,缺钾症状首先出现在老叶上。

4.硫(S)

植物主要以 SO_4^{2-} 形式吸收硫。硫是许多重要化合物(蛋白质、膜、维生素等)的组分。缺硫的主要症状:植株矮小,叶片变黄,易脱落。硫在体内难移动,因此缺硫症状首先表现在新叶上。

5.钙(Ca)

钙以离子形式 Ca^{2+} 被植物吸收。钙是构成膜、染色体等化合物的组分,也是 ATP 水解酶、琥珀酸脱氢酶等酶的活化剂,在植物体内平衡电性。植物缺钙,生长点坏死,植株呈簇生状,叶尖与叶缘变黄,枯焦坏死。钙在体内不易移动,缺钙症状首先表现在叶片上。

6.镁(Mg)

镁是叶绿素的组分,是许多酶的活化剂,在光合磷酸化中作为 H^+ 的对应离子,平衡电性,通过促进核糖体大小亚基结合调节蛋白质合成。镁可在植物体内移动,缺镁症状首先表现在老叶上,叶脉间缺绿,有时呈红紫色。

7.铁(Fe)

植物主要以 Fe^{2+} 螯合物的形式吸收铁。铁的主要性质是化合价可变,因此铁作为电子传递体而起作用;铁是许多酶的组分,还是叶绿素合成的必需因子。缺 Fe 时叶脉间缺绿,严重时整个叶片变为黄白色,铁在体内不易移动,缺 Fe 症状首先表现在老叶上。

8.铜(Cu)

植物以 Cu^{2+} 形式吸收铜。铜的主要性质是可进行化合价变化,它的主要作用是作为氧化还原反应的电子传递体。缺铜的症状:叶尖变白坏死,然后沿叶脉向叶基部发展,叶片易脱落。铜在体内不易移动,缺铜症状首先表现在老叶上。

9.锌(Zn)

锌是许多酶(如色氨酸合成酶,碳酸酐酶)的组分。植物缺锌时,叶脉间缺绿,玉米出现花叶病,果树易得小叶病,生长素合成受阻,老叶先出现症状。

10.锰(Mn)

锰是叶绿素生物合成的必需因子。植物缺锰先是叶脉间缺绿,然后出现坏死斑点。症状先出现在新叶上(不易移动)。

11.硼(B)

硼与生殖器官形成有关,缺硼时花粉母细胞四分体形成受阻;绒毡层组织破坏发育不良;参与受精过程,硼促进花粉萌发和花粉管伸长;硼促进糖的运输等。缺硼时,油菜花而不实,麦类穗而不实,棉花蕾而不花,块根内部形成褐斑,如甜菜的心腐病,萝卜的褐心病。

12.钼(Mo)

钼硝酸还原酶的组分。

二、植物营养缺素诊断

植物营养缺素的基本诊断方法有:形态诊断法、化学诊断法(土壤分析化验诊断法、植株分析化验诊断法)、生物培养(幼苗法)诊断法、酶学诊断法、施肥诊断法、叶色诊断法等(表3-6)。

表3-6　作物缺乏营养元素的一般形态特征

元素	植株形态	叶	根、茎	生殖器官	指示作物
氮	生长受抑制,植株矮小、瘦弱。地上部受影响较地下部明显	叶片薄而小,整个叶片呈黄绿色,严重时下部老叶几乎呈黄色,干枯死亡	茎细,多木质。根受抑制,较细小。分蘖少(禾本科)或分枝少(双子叶)	花、果穗发育迟缓不正常的早熟。种子少而小,千粒重低	玉米
磷	植株矮小,生长缓慢。地下部分严重受抑制	叶色暗绿,无光泽或呈紫红色。从下部叶子开始逐渐死亡脱落	茎细小,多木质。根不发育,主根瘦长,次生根权少或无	花少、果少,果实迟熟。易出现秃尖、脱荚或落花蕾。种子小而不饱满,千粒重下降	番茄
钾	较正常植株小,叶片变褐枯死。植株较柔弱,易感染病虫害	开始从老叶尖端沿叶缘逐渐变黄,干枯死亡。叶缘似烧焦状,有时出现斑点状褐斑,或叶卷曲、显皱纹	茎细小,柔弱,节间短、易倒伏	分蘖多而结穗少。种子瘦小。果肉不饱满。有时果实出现畸形,有棱角。籽粒皱缩	玉米番茄
钙	植株矮小,组织坚硬。病态先发生于根部和地上细嫩部分,未老先衰	幼叶卷曲、脆弱,叶缘发黄,逐渐枯死。叶间有枯化现象	茎和根尖的分生组织受损,根系生长不好,茎软下垂,根尖细脆易腐烂、死亡。有时根部出现枯斑或裂伤	结实不好或很少结实	玉米

续表

元素	植株形态	叶	根、茎	生殖器官	指示作物
镁	变态发生在生长后期。黄化,植株大小没有显著变化	首先从下部老叶开始缺绿,但只有叶肉变黄,而叶脉仍保持绿色。以后叶肉组织逐渐变褐而死亡	变化不大	开花受抑制,花的颜色变苍白	玉米
硫	植株普遍缺绿。后期生长受抑制	幼叶开始黄化,叶脉先缺绿,然后遍及全叶,严重时老叶变为黄白色,但叶肉仍呈绿色	茎细长,很稀疏,支根少。豆科作物根瘤少	开花结实期延迟,果实减少	
铁	植株矮小,黄化,失绿症状首先表现在顶端幼嫩部分。	新出叶叶肉部分开始缺绿,逐渐黄化,严重时叶片枯黄或脱落	茎、根生长受抑制。果树长期缺铁,顶部新梢死亡	果实小	花生 桃树
硼	植株矮小,病态首先出现在幼嫩部分。植株尖端发白,茎及枝条的生长点死亡	新叶粗糙,淡绿色,常呈烧焦状斑点。叶片变红,叶柄(脉)易折断	茎脆。分生组织退化或死亡。根粗短,根系不发达。生长点常有死亡	蕾、花或子房脱落。果实或种子不充实,甚至花而不实(油菜),果实畸形,果肉有木栓化现象	油菜 苜蓿
锰	植株矮小,缺绿病态	幼叶叶肉失绿,但叶脉保持绿色,显白条状,叶上常有杂色斑点	茎生长势衰弱,多木质	花少,果实质量减轻	
铜	植株矮小,出现失绿现象,易感染病害	禾谷类作物叶尖失绿而黄化,以后干枯、脱落。果树(梨)上部叶片畸形,变色,新梢萎缩。	发育不良。果树茎上常排出树胶	谷类作物穗和芒发育不全,有时大量分蘖而不抽穗,种子不易形成	
锌	植株矮小,水稻常表现为缩苗	果树除叶片失绿外,在枝条尖端常出现小叶、畸形,枝条节间缩短呈簇生状。玉米缺锌常出现白苗	严重时枝条死亡,根系生长差	果实小或变形,核果、浆果的果肉有紫斑	苹果 玉米
钼	植株矮小,生长缓慢,易受病虫危。	幼叶黄绿,叶脉间出现缺绿。老叶变厚,呈蜡质,叶脉间肿大,并向下卷曲。严重时叶片枯萎以致坏死	豆科作物根瘤发育不良,瘤小而少	豆科作物有效分枝和豆荚减少,百粒重下降。棉花蕾铃脱落严重。小麦灌浆差,成熟延迟,籽粒不饱满	大豆 小麦

植物营养诊断包括7个基本程序:①施肥历史和现状的调查;②农作物历史产量和生长发育状况的调查;③植株缺素形态的观察与分析诊断;④取土壤和植株样品带回实验室分析诊断;⑤诊断指标(养分临界值)的拟定;⑥综合分析、诊断;⑦施肥校验。

1. 形态诊断

作物缺乏某种元素时,一般都在形态上表现特有的症状,即所谓的缺素症,如失绿、现斑、畸形等。由于元素不同、生理功能不同,症状出现的部位和形态常有它的特点和规律。

（1）容易移动的元素如氮、磷、钾及镁等，当植物体内呈现不足时，就会从老组织移向新生组织，因此缺乏症最初总是在老组织上先出现；

（2）不易移动的元素如铁、硼、钙、钼等其缺乏症则常常从新生组织开始表现；

（3）铁、镁、锰、锌等直接或间接与叶绿素形成或光合作用有关，缺乏时一般都会出现失绿现象；

（4）磷、硼等和糖类的转运有关，缺乏时糖类容易在叶片中滞留，从而有利于花青素的形成，常使植物茎叶带有紫红色泽；

（5）硼与开花结实有关，缺乏时花粉发育、花粉管伸长受阻，不能正常受精，就会出现"花而不实"；

（6）钙、硼与细胞膜形成有关，缺乏时细胞分裂过程受阻碍，新生组织、生长点萎缩、死亡；

（7）锌与生长素形成有关，缺乏时易出现畸形小叶、小叶病等。

这种外在表现和内在原因的联系是形态诊断的依据。形态诊断不需要专门的仪器设备，主要凭目视判断，所以经验在其中起重要作用。正因为如此，当作物缺乏某种元素而不表现该元素的典型症状或者与另一种元素有着共同的特征时就容易误诊。因此形态诊断的同时还需要配合其他的检验方法。尽管如此，这一方法在实践中仍有重要意义，尤其是对某些具有特异性症状的缺乏症。

有的营养元素的缺乏症状很相似，容易混淆。例如缺锌、缺锰、缺铁和缺镁的主要症状都是叶脉间失绿，有相似之处，但又不完全相同，可以根据各元素的缺乏症状的特点来辨识。辨别微量元素缺乏症状有三个着眼点，就是叶片大小、失绿的部位、反差强弱，分析如下：

（1）叶片大小和形状：缺锌的叶片小而窄，在枝条的顶端向上直立呈簇生状。缺乏其他微量元素时，叶片大小正常，没有小叶出现。

（2）失绿的部位：缺锌、缺锰和缺镁的叶片，只有叶脉间失绿，叶脉本身和叶脉附近部位仍然保持绿色。而缺铁叶片，只有叶脉本身保持绿色，叶脉间和叶脉附近全部失绿，因而叶脉形成了细的网状。严重缺铁时，较细的侧脉也会失绿。缺镁的叶片，有时在叶尖和叶基部仍然保持绿色，这是与缺乏微量元素显著不同的。

（3）反差：缺锌、缺镁时，失绿部分呈浅绿、黄绿以至于灰绿，中脉或叶脉附近仍保持原有的绿色。绿色部分与失绿部分相比较时，颜色深浅相差很大，这种情况叫作反差很强。缺铁时叶片几乎成灰白色，反差更强。而缺锰时反差很小，是深绿或浅绿色的差异，有时要迎着阳光仔细观察才能发现，与缺乏其他元素显著不同。

此外，各微量元素的缺乏情况也可以根据土壤类型加以区别：缺锰或缺铁一般发生在石灰性土壤上，缺镁只出现在酸性土壤上，只有缺锌会出现在石灰性土壤和酸性土壤上。

三、化学诊断

化学诊断就是分析植物、土壤的元素含量与预先拟订的含量标准比较，或就正常与异常标本进行直接的比较而作出丰缺判断。一般说，植株分析结果最能直接反映作物营养状况，所以是判断营养丰缺最可靠的依据。土壤分析结果与作物营养状况一般也有密切的相关。由于作物营养缺乏除土壤元素含量不足外，还可能因为植株本身根系的吸收要受外界不良环境的影响，因此有时会出现土壤养分含量与植物生长状况不一致现象。但是土壤分析在诊断工作中仍是不可缺少的，它与植株分析结果互相印证，使诊断结果更为可靠。

(1)叶片分析诊断:以叶片的常规(全量)分析结果为依据判断营养元素的丰缺(供参考)。

(2)组织速测诊断:以简易方法测定植物某一组织鲜样的成分含量来反映养分状况。这是一类半定量性质的分析测定。被测定的一般是尚未被同化的或大分子的游离养分。它要求取用的组织对养分丰缺是敏感的。叶柄(叶鞘)常成为组织速测的十分适合的样本。这一方法常用于田间现场诊断。在有正常植株对照下对元素含量水平作大致的判断是有效的。组织速测由于要有元素的特异反应为基础,而且要符合简便要求等,所以不是所有元素都能应用。目前一般还限于氮、磷、钾、钙、镁等有限的几种元素。

(3)土壤分析诊断:一般是测定土壤的有效养分。土壤分析结果可以单独或与植株分析结果结合判断养分的丰缺,这样可使结论更为可靠。土壤分析诊断和植株分析诊断一样,也有速测和常规分析两类,其适用场合也与相应的植株分析相似。

四、施肥诊断

(1)根外施肥法:即采用叶面或果实喷涂等办法。提供某种被怀疑元素,使植物吸收,观察植物反应,症状是否得到改善等作出判断。这类方法主要用于中、微量元素缺乏症的应急诊断。技术上应注意:所用的肥料或试剂应该是水溶、速效的,浓度一般不超过 0.5%(或 1%,不同物质浓度有差异),对于铜、锌等毒性较大的元素有时还需要掺加与元素盐类同浓度的生石灰作预防。

(2)抽减试验法:在验证或预测土壤缺乏某种或几种元素时可采用此法。所谓抽减法即在混合肥料基础上,根据需要检测的元素,设置不加(即抽减)待验元素的小区,如果同时检验几种元素时则设置相应数量的小区,每一小区抽减一种元素,另外加设一个不施任何肥料的空白小区。

(3)监测试验:土壤营养元素的监测试验广义地说也是施肥诊断的一种。对一个地区土壤的某些元素的动态变迁,通过选择代表性土壤,设置相应的处理进行长期定点来监测,以便拟定相应的施肥措施。例如,国际水稻所 1970—1986 年定位试验资料便说明,就钾而言, 1973 年以前施钾与否产量无变化,即施钾无效,说明当时土壤不缺钾。但 1976 年以后施钾明显增产,不施钾处理产量逐渐下降,施钾与不施钾的差异越来越显著,表明土壤钾在不断被消耗而日益缺乏。

五、酶学诊断

近年来生物化学的方法——酶测法也被应用于营养诊断。酶测法的原理是:许多元素是酶的组成或活化剂,所以当缺乏某种元素时,与该元素有关的酶的含量或活性就发生变化。故测定其数量或活性可以判断这种元素的丰缺情况。酶测法具有:①灵敏度高,有些元素在植物体内含量极微。如钼,常规测定比较困难,而酶测法则能克服;②相关性好,例如碳酸酐酶,它的活性与锌的含量曲线基本上是一致的;③酶促反应的变化远远早于形态变异,这一点尤其有利于早期诊断或潜在性缺乏的诊断。因此,可以认为酶学诊断是一种有发展前途的方法。

六、缺素调查

运用形态诊断方法,对周围主要农作物发生的营养缺素情况进行调查、分析,其目的是掌握不同作物营养元素缺乏的田间表现症状与缺素原因。并将调查与分析的结果填入"作物营养元素缺乏调查表"中。特别值得注意的是:大田农作物的缺素常常不是单一发生的,可能同时伴随着多种缺素一并发生,这给形态诊断带来了很大麻烦,需要进行系统的调查、分析和比较,并有效地运用实践经验予以正确的区分和判断。

作物营养元素缺乏调查表

调查地点		作物名称	
调查时间		调查人	
缺素名称			
缺素症状描述与原因分析			

调查地点		作物名称	
调查时间		调查人	
缺素名称			
缺素症状描述与原因分析			

实验十四　蔬菜硝酸盐含量的测定

蔬菜是一种易富集硝酸盐的作物。研究表明，人体摄入的硝酸盐约有70%～80%来自于蔬菜。硝酸盐本身对人体无害或者毒性相对较低，但现代医学研究证明硝酸盐在人体内经过微生物作用可被还原成有毒的亚硝酸盐。亚硝酸盐可使血液的载氧功能下降，从而导致高铁血红蛋白低氧血症，婴幼儿尤其如此；另一方面，亚硝酸盐可与人体内的次级胺（仲胺、叔胺、酰胺及氨基酸）反应，在胃腔中（pH＝3）形成强力致癌物——亚硝胺，从而诱发消化系统癌变。这对人类的健康构成了潜在的威胁。早在1907年，Richdson就发现了新鲜蔬菜中高硝酸盐含量问题。从那以后，国内外的研究人员对硝酸盐在蔬菜中的污染状况、积累机制及防控措施等进行了许多深入的研究。

硝酸盐对人体健康的危害和对生态环境的污染，已经受到人们的普遍关注。目前我国不少大城市（如上海、杭州、沈阳、重庆、南京等）郊区由于过量施用化学氮肥，土壤和植物养分（特别是磷、钾、钼等）失衡，蔬菜中硝酸盐严重积累，个别地区高达3000mg·kg⁻¹以上。

FAO/WHO(1973)提出蔬菜中硝酸盐累积程度的分级标准为：一级≤432mg·kg⁻¹，允许生食；二级≤785mg·kg⁻¹，不宜生食，允许盐渍和熟食；三级≤1440mg·kg⁻¹，只能熟食；四级≥3100mg·kg⁻¹，不能食用。在我国，《蔬菜中硝酸盐限量》(GB19338—2003)对蔬菜中硝酸盐含量作了明确的限定：茄果类、瓜类、豆类，硝态氮≤440mg·kg⁻¹鲜质量；茎菜类，≤1200mg·kg⁻¹鲜质量；根菜类，≤2500mg·kg⁻¹鲜质量；叶菜类，≤3000mg·kg⁻¹鲜质量。据调查，我国居民消费量较大的几种主要蔬菜（尤其是叶菜、根菜）的硝酸盐含量已大大超标。

蔬菜中硝酸盐的含量，一方面与人体健康息息相关，已成为蔬菜生产及其加工产品的重要品质指标。另一方面，蔬菜中的硝酸盐含量可以反映土壤的氮素供应状况，可以为正确、合理地施用氮肥提供一定的参考。

一、方法原理

国内外用于测定蔬菜中硝酸盐含量的方法很多，主要有二磺酸酚比色法、镉柱还原分光光度法、离子色谱法、紫外分光光度法、速测法等。其中，镉柱还原分光光度法和二磺酸酚比色法是最常用的方法。《农产品安全质量 无公害蔬菜安全要求》(GB18406.1—2001)规定，蔬菜中硝酸盐含量测定采用镉柱还原法。但是这种方法操作较为复杂，且容易造成实验室镉污染；而二磺酸酚比色法测量范围较宽，显色稳定，因此硝酸盐氮测定一般采用二磺酸酚比色法。

其基本原理是——浓硫酸与苯酚作用生成二磺酸酚，在无水条件下，二磺酸酚与硝酸盐

· 172 ·

作用生成二磺酸硝基酚,二磺酸硝基酚在碱性溶液中发生分子重排生成黄色化合物。这种黄色化合物在波长410nm处有最大吸收。其色度与硝酸盐浓度成正比,可进行比色测定。二磺酸酚比色法测定硝态氮的检出限为 $0.2\mu g\cdot mL^{-1}$,检测上限为 $2.0\mu g\cdot mL^{-1}$。

少量的氯化物即能引起硝酸盐的损失,使测定结果偏低。可加硫酸银使其形成氯化银沉淀,过滤去除,以消除氯化物的干扰(允许氯离子存在的最高浓度为 $10\mu g\cdot mL^{-1}$,超过此浓度就需要进行干扰测定)。亚硝酸盐氮含量超过 $0.2\mu g\cdot mL^{-1}$ 时,将使测定结果偏高,可用高锰酸钾将亚硝酸盐氧化成硝酸盐,再从测定结果中减去亚硝酸盐的含量。

实验中,在弱碱性条件下,用热水从蔬菜样品中提取硝酸根离子,然后用亚铁氰化钾和乙酸锌沉淀蛋白,加活性炭去除叶绿素,过滤。滤液于水浴上蒸干,在无水条件下,与酚二磺酸作用,生成硝基酚二磺酸,该物质在弱碱性条件下生成黄色物质,定容后于波长410nm处比色测定,黄色深浅与硝态氮含量呈正相关。

二、主要仪器及试剂

1. 主要仪器
恒温水浴锅,紫外—可见分光光度计,研钵,容量瓶,刻度吸管,瓷蒸发皿等。

2. 试剂和材料
二磺酸酚试剂:称取 15g 精制苯酚(C_6H_6O,分析纯),置于 250mL 三角瓶中,加入 100mL 浓硫酸 H_2SO_4,分析纯,瓶口上放一个小漏斗,置于沸水浴内加热 6h,试剂应为浅棕色黏稠液,保存在棕色试剂瓶中。

饱和硼砂溶液:称取 5g 硼酸钠($Na_2B_4O_7\cdot 10H_2O$,分析纯),溶于 100mL 热水中,冷却后备用。

$0.25mol\cdot L^{-1}$ 亚铁氰化钾溶液:称取 106.0g 亚铁氰化钾 $[K_4Fe_9(CN)_5\cdot 3H_2O$,分析纯],溶于水后,定容至 1000mL。

$1mol\cdot L^{-1}$ 乙酸锌溶液:称取 220.0g 乙酸锌 $[Zn(CH_2CO_2)_2\cdot 2H_2O$,分析纯],加 30mL 冰乙酸($CH_3COOH$,分析纯),加水溶解,并稀释至 1000mL。

1:1 氨水:将浓氨水($NH_3\cdot 2H_2O$,含氨28%～29%)与水以 1:1(体积比)混合而成。

硝酸盐标准储备液:称取 0.7218g 硝酸钾(KNO_3,分析纯,事先经 105℃烘干 4h)溶解于水中,转入1000mL 容量瓶中,用水稀释至刻度。此溶液含硝酸盐氮 $100\mu g\cdot mL^{-1}$。如加入 2mL 二氯甲烷保存,可稳定半年以上。

$10\mu g\cdot mL^{-1}$ 硝酸盐标准溶液:准确移取 10mL 硝酸盐标准储备液于 100mL 容量瓶中,用水稀释至刻度。

活性炭,分析纯。

石英砂:分析纯。

碳酸钙:$CaCO_3$,分析纯。

各类供试蔬菜(具体有叶菜类如小白菜;根菜类如芹菜;块茎类如白萝卜;瓜果类如黄瓜等)。

三、操作步骤

1. 样品的预处理

将上述蔬菜样品进行适当缩分至所需要量,并摘除不可食部位。缩分后的样品先用自来水洗涤后,蒸馏水润洗 2～3 次(要求此过程迅速完成,不浸泡在水中清洗),然后用洁净纱布沾干。

将上述样品用不锈钢刀切碎,混匀,备用。

2. 样品中硝态氮提取

称取切碎后的蔬菜样品适量(一般叶菜类和根菜类取 5g 左右,块茎类取 10～15g,瓜果类 15～20g)于研钵中,加少许石英研磨成匀浆,加 5mL 饱和硼砂溶液,搅匀,用 100mL 热水(70～80℃)洗入 200mL 烧杯中,置于沸水浴中加热 15min 后(注意:加热过程不断搅拌),拿下冷却。加入 0.25mol·L⁻¹ 亚铁氰化钾溶液 10mL,搅匀,加入 1mol·L⁻¹ 乙酸锌溶液 10mL,搅匀,再加 2g 活性炭粉,搅匀,洗入 200mL 容量瓶中,定容,过滤。同时做空白实验。

3. 滤液中硝态氮的定量测定

准确吸取上述滤液 5.00mL 于瓷蒸发皿中,加入 0.05g 碳酸钙粉末,置于 85～90℃ 水浴上,蒸干后继续加热 10min。取下冷却,迅速加入酚二磺酸试剂 2mL,旋转蒸发皿,使试剂充分接触所有蒸干物,玻棒搅拌至蒸干物完全溶解,静置 10min 使之作用完全,加水 20mL,冷却,缓慢加入 1:1 氨水至溶液显黄色,再过量 2mL,水洗入 100mL 容量瓶中定容,于波长 410nm 处比色测定。

4. 硝态氮标准曲线绘制

分别吸取 10.00μg·mL⁻¹ 标准硝态氮溶液 0,1,2,5,10,15,20mL 于蒸发皿中,再分别加入同待测体积的试剂空白溶液,加入 0.05g 碳酸钙粉末,置于 85～90℃ 水浴上,蒸干后继续加热 10min。取下冷却,迅速加入酚二磺酸试剂 2mL,旋转蒸发皿,使试剂充分接触所有蒸干物,玻棒搅拌至蒸干物完全溶解,静置 10min 使之作用完全,加水 20mL,冷却,缓慢加入 1:1 氨水至溶液显黄色,再过量 2mL,水洗入 100mL 容量瓶中定容,于波长 410nm 处比色测定。

四、结果计算

蔬菜中硝酸盐氮的含量用下式计算:

$$NO_3^- - N/(mg \cdot kg^{-1}) = \frac{c_x \times V_2 \times \frac{V_1}{V_x}}{m} \times 4.43$$

式中:c_x——从标准曲线上查找的样品待测溶液浓度,$\mu g \cdot mL^{-1}$;

V_2——比色溶液体积,mL;

V_1——待测溶液体积,mL;

V_x——待测定量体积,mL;

m——蔬菜样品鲜重,g;

4.43——NO_3^- 换算成 $NO_3^- - N$ 系数。

五、注意事项

1.测定硝酸盐的实验用水为去离子水或重蒸水。

2.生成的黄色化合物的最大吸收波长为 410 nm,浓度超过 2 mg·L^{-1}时,用 480 nm 较合适。

3.蔬菜洗涤过程应迅速完成,防止样品中硝态氮的损失。

4.硝态氮的测定应在样品过滤后立即进行。

实验十五 植物的溶液培养及缺素诊断

种植在土壤里的植物之所以能够正常生长发育是因为土壤中存在着维持植物正常生理活动所必需的矿质元素。但要确定各种元素是否为植物生长所必需，必须借助培养试验。培养试验是将生长介质置于特制容器中在温室、网室或人工气候箱等设施中在人工模拟、人为控制条件下进行的植物栽培试验。由于能严格控制水分、养分，甚至温度、光照等条件，因而有利于精密测定试验因素的效应。培养试验种类很多，有盆栽试验、框栽试验、幼苗试验和耗竭试验等，某些有特殊要求的还可采用分根培养试验、流动培养试验、无菌培养试验、渗滤水研究法等技术。培养试验中最常用的盆栽试验，是利用各种特制的盆钵进行的植物栽培试验，根据盆钵的生长介质又可分为土培、砂培和水培等多种方法。

培养试验实质上是一个模拟试验，由于生长环境与田间有很大差别，因此所得结果不能直接应用于大田，多用于植物营养、土壤养分等机制性研究及探索性研究。

无土栽培是指不用土壤，用其他东西培养植物的方法，包括水培、雾（气）培、基质栽培。19 世纪中，W·克诺普等发明了这种方法；20 世纪 30 年代，人们开始把这种技术应用到农业生产上。如今无土栽培已不仅作为一种研究手段，而且成为新的生产方式，在蔬菜、花卉生产中大规模应用。多年的实践证明，大豆、菜豆、豌豆、小麦、水稻、燕麦、甜菜、马铃薯、甘蓝、叶莴苣、番茄、黄瓜等作物，无土栽培的产量都比土壤栽培的高。

无土栽培技术因其本身固有的种种优越性，已向人们显示了无限广阔的发展前景。无土栽培技术的出现，使人类获得了包括无机营养条件在内的，对作物生长全部环境条件进行精密控制的能力，从而使得农业生产有可能彻底摆脱自然条件的制约，完全按照人的愿望，向着自动化、机械化和工厂化的生产方式发展。这将会使农作物的产量得以几倍、几十倍甚至成百倍地增长。无土栽培可以将许多不可耕地加以开发利用，使得不能再生的、宝贵的耕地资源得到了扩展和补充，这对于缓和及解决地球上日益严重的耕地问题，有着深远的意义。

无土栽培技术在走向实用化的进程中也存在不少问题。突出的问题是成本高、一次性投资大，同时还要求较高的管理水平，管理人员必须具备一定的科学知识。无土栽培中的病虫害防治，基质和营养液的消毒，废弃基质的处理等，也需进一步研究解决。

一、方法原理

无土栽培是一种不用天然土壤而采用含有植物生长发育必需元素的营养液来提供营养,使植物正常完成整个生命周期的栽培技术。在无土栽培技术中,能否为植物提供一种比例协调,浓度适当的营养液,是栽培成功的关键。

植物生长介质为含有营养成分的水溶液的水培试验,主要有以下几个特点:①植物生长在液相环境。液相环境中养分的化学形态、浓度、比例、供应时间可按试验计划随时调整,养分分布均匀,这在土培或田间试验中是难以做到的。②营养液中养分浓度易变化。培养过程中植物根系对养分的吸收,溶液中 pH 的变化都会使营养液的养分浓度发生变化。③营养液缓冲性小。植物对溶液中养分的不平衡吸收,会引起溶液 pH 剧烈变化。④液相环境缺乏空气。这些特点决定了水培试验不适于模拟植物在土壤中吸收养分,而适合于营养生理研究,如营养元素在植物体内吸收运转及其生理作用,缺素症描述等,水培试验具有独特的管理要求。

水培营养液种类很多,必须满足以下 4 个基本要求:①含有植物生长必需的全部营养元素。②养分形态、数量、比例均能保证植物生长的需要。③在植物生育期内能维持适于植物生长的 pH。④营养液必须是生理平衡溶液。营养液通常可根据上述基本要求,参照土壤溶液或植物体内营养物质的组成配制而成。

目前已发表的营养液配方很多,但大同小异,因为最初的配方本源于对土壤浸提液的化学成分分析。营养液配方中,差别最大的是其中氮和钾的比例。配制营养液要考虑到化学试剂的纯度和成本,生产上可以使用化肥以降低成本。配制时先配出母液(原源),再进行稀释,可以节省容器便于保存。含钙的物质需单独盛在一容器内,使用时将母液稀释后再与含钙物质的稀释液相混合,尽量避免形成沉淀。营养液的 pH 值要经过测定,必须调整到适于作物生育的 pH 值范围,以免发生毒害。

由于植物对养分的要求因种类和生长发育的阶段而异,所以配方也要相应地改变。例如叶菜类需要较多的氮素以促进叶片的生长;番茄、黄瓜要开花结果,比叶菜类需要较多的磷、钾、钙。生长发育时期不同,植物对营养元素的需要也不一样。对苗期的番茄培养液里的氮、磷、钾等元素可以少些;长大以后,就要增加其供应量。夏季日照长,光强、温度都比无土栽培高,番茄需要的氮素比秋季、初冬时多。在秋季、初冬生长的番茄要求较多的钾素,以改善其果实的质量。培养同一种植物,在其整个生长过程中也要不断地修改培养液的配方。

营养液的种类很多,有适合于多种作物的通用型营养液,也有适合于特定作物的专用营养液。大部分营养液的营养元素浓度($mol \cdot m^{-3}$)范围为:NO_3^- 0~0.3,NH_4^+ 2~4,PO_4^{3-} 0.6~1.3,K^+ 6~10,Ca^{2+} 0.5~2,Mg^{2+} 2.5~7.5,SO_4^{2-} 0.5~2。

借助溶液培养方法,人为地控制氮、磷、钾、钙、镁、铁等元素的浓度,可以清楚地了解各种营养元素对植物生长发育的重要性。

二、主要仪器及试剂

1. 主要仪器

烧杯,刻度移液管,量筒,试剂瓶,黑色蜡光纸,塑料纱网(或纱布),搪瓷盘(带盖),石英砂适量,陶质花盆等。

2. 试剂

硝酸钾,硫酸镁,磷酸二氢钾,硫酸钾,硫酸钠,磷酸二氢钠,硝酸钙,氯化钙,硫酸亚铁,硼酸,氯化锰,硫酸铜,硫酸锌,钼酸,盐酸,乙二胺四乙酸二钠(EDTA — Na₂)等,均为市售分析纯试剂。

3. 材料

玉米、番茄、向日葵种子。

三、操作步骤

1. 供试苗培养

取 250mL 烧杯一个,在烧杯口紧扎塑料纱网或纱布一块,将烧杯放在另一个 500mL 烧杯中,加水使水面几乎与内部烧杯口相平。

将已浸种一夜的番茄或玉米种子均匀地排列在纱网上,在大烧杯上盖一块玻璃片,然后放置在温暖处发芽。待子叶完全展开后,改用稀释营养液(浓度为完全营养液的 1/4)培养。培养玉米苗,可一直用水培养。当番茄苗高 4~5cm 左右,展开第一片真叶,或玉米幼苗出现第二片真叶时,选择生长一致的幼苗作实验材料,移往各营养液中。移动时注意勿损伤根系。

也可用花盆装石英砂或洁净的河沙培养苗,但移植要早些,以免伤根。

2. 配制贮备液

大量元素及铁素储备液按照表 3-7 配制。

表 3-7 大量元素及铁素储备液配制表

营养盐	浓度/(g·L⁻¹)
$Ca(NO_3)_2 \cdot 4H_2O$	236
KNO_3	102
$MgSO_4 \cdot 7H_2O$	98
KH_2PO_4	27
K_2SO_4	88
$CaCl_2$	111
NaH_2PO_4	24
$NaNO_3$	170
Na_2SO_4	21
EDTA-Fe $\begin{cases} EATA — Na_2 \\ FeSO_4 \cdot 7H_2O \end{cases}$	7.45 / 5.57

　　微量元素贮备液按以下配方配制：分别称取硼酸（H_3BO_3）2.86g，氯化锰（$MnCl_2 \cdot 4H_2O$）1.18g，硫酸铜（$CuSO_4 \cdot 5H_2O$）0.08g，硫酸锌（$ZnSO_4 \cdot 7H_2O$）0.22g，钼酸（$H_2MoO_4 \cdot H_2O$）0.09g，溶于1L蒸馏水中。

　　3. 培养实验

　　配好以上贮备液后，再根据实验设置按表3-8方法配制营养液，调节pH至5.5～5.8。

表 3-8　缺素培养液的配制

贮备液	每100mL培养液中贮备液的用量/mL						
	完全	缺N	缺P	缺K	缺Ca	缺Mg	缺Fe
$Ca(NO_3)_2$	0.5	—	0.5	0.5	—	0.5	0.5
KNO_3	0.5	—	0.5	—	0.5	0.5	0.5
$MgSO_4$	0.5	0.5	0.5	0.5	0.5	—	0.5
KH_2PO_4	0.5	0.5	—	—	0.5	0.5	0.5
K_2SO_4	—	0.5	0.1	—	—	—	—
$CaCL_2$	—	0.5	—	—	—	—	—
NaH_2PO_4	—	—	—	0.5	—	—	—
$NaNO_3$	—	—	—	0.5	0.5	—	—
Na_2SO_4	—	—	—	—	—	0.5	—
EDTA-Fe	0.5	0.5	0.5	0.5	0.5	0.5	—
微量元素	0.1	0.1	0.1	0.1	0.1	0.1	0.1

　　将以上配制的培养液800mL加入1000mL塑料培养瓶中，瓶外加黑色蜡光纸套（黑面向里）或用报纸包三层，瓶上用马粪纸板涂蜡后做成盖，并用打孔器在盖中间打一圆孔，用棉花把植株幼茎通过小孔固定在盖上，使整个根系浸入培养液中，贴上标签，写明日期。装好后将培养瓶放在阳光充足、温度适宜（20～25℃）的地方。

　　实验开始后，每两天观察一次，同时测试培养液的pH值，如pH高于6，应以稀盐液调整到5～6之间。注意记录缺乏必需元素时所表现的症状及最先出现症状的部位，营养液每周更换一次。为使根系生长良好，最好应在盖与溶液之间保留一定空隙，以利通气，待各缺素培养液中的幼苗表现出明显的症状后，将缺素培养液全部更换为完全培养液。观察症状逐渐消失的情况，记录结果。

植物溶液培养实验记录表

植物种类		实验周期		实验人员	
观察记录（包括时间及症状）					
完全营养					
缺 N					
缺 P					
缺 K					
缺 Ca					
缺 Mg					
缺 Fe					

附Ⅶ　常用的营养液配方

任何一种营养液都应当具备以下三个特点：①包括所有的必需的矿质元素。对某些植物还可以增加有关的元素。例如,禾本科植物的营养液中可以加入适量的 Si。②必须是均衡的营养液,也就是矿质元素之间要有适宜的浓度比例。③具有适宜的 pH 范围。

配制营养液时,通常先配出各种盐类的浓缩液(注意避免浓缩液中出现沉淀),使用时按一定的比例加水稀释到要求的浓度。采用循环供液时,营养液中的矿质元素被植物体吸收后,应当及时进行调节,使营养液仍旧符合原配方的要求。

一、常用营养液配方

1. Hoagland's(霍格兰)营养液配方

各国科学家先后研制出数百种营养液配方,其中霍格兰(Hoagland)营养液是一种应用比较广泛的营养液。

Hoagland's 配方		改良 Hoagland's 配方	
营养盐	浓度	营养盐	浓度
硝酸钙	$945g \cdot L^{-1}$	四水硝酸钙	$945g \cdot L^{-1}$
硝酸钾	$607g \cdot L^{-1}$	硝酸钾	$506g \cdot L^{-1}$
磷酸铵	$115g \cdot L^{-1}$	硝酸铵	$80g \cdot L^{-1}$
硫酸镁	$493g \cdot L^{-1}$	硫酸镁	$493g \cdot L^{-1}$
—	—	磷酸二氢钾	$136g \cdot L^{-1}$
铁盐溶液	$2.5mL \cdot L^{-1}$	铁盐溶液	$2.5mL \cdot L^{-1}$
微量元素溶液	$5mL \cdot L^{-1}$	微量元素液	$5mL \cdot L^{-1}$
pH	6.0	pH	6.0

其中,铁盐溶液和微量元素溶液的配制方法如下。

铁盐溶液:称取七水硫酸亚铁 2.78g,乙二胺四乙酸二钠(EDTA — Na)3.73g,溶解于500mL 蒸馏水中(pH5.5)。

微量元素溶液:碘化钾 0.83 mg·L^{-1},硼酸 6.2 mg·L^{-1},硫酸锰 22.3 mg·L^{-1},硫酸锌 8.6 mg·L^{-1},钼酸钠 0.25 mg·L^{-1},硫酸铜 0.025 mg·L^{-1},氯化钴 0.025 mg·L^{-1}。

在实际应用时,通常是将霍格兰营养液配成 10 倍或 20 倍浓度的浓缩溶液,用时稀释即可。并注意用前调整 pH。若作为复合肥使用,可以采用天然水配制,省略微量元素液。若作为无土栽培营养液需用人工软水配制,如蒸馏水,微量元素液必须加入。

2.莫拉德营养液配方

储备液	营养盐	浓度/(g·L^{-1})
A 液	硝酸钙	125
	硫酸亚铁	12
B 液	硫酸镁	37
	磷酸二氢铵	28
	硝酸钾	41
	硼酸	0.6
	硫酸锰	0.4
	硫酸铜	0.004
	硫酸锌	0.004

A 液和 B 液分别保存,备用。使用时,先取 10mL A 液溶于 1kg 水中,再加入 1kg B 液,混匀后即可使用。

3.格里克基本营养液配方

营养素	浓度/(g·L^{-1})
硝酸钾	0.542
硝酸钙	0.096
过磷酸钙	0.135
硫酸镁	0.135
硫酸	0.073
硫酸铁	0.014
硫酸锰	0.002
硼砂	0.0017
硫酸锌	0.0008
硫酸铜	0.0006

4.Knop 营养液配方

营养素	浓度/(g·L^{-1})
硝酸钙	0.8
硫酸镁	0.2
硝酸钾	0.2
磷酸二氢钾	0.2
硫酸亚铁	微量

二、蔬菜用均衡营养液配方

在配制营养液时,由于育苗的蔬菜种类不同,以及肥料条件不同等因素,因此选择的营养液配方也有所不同。现列举部分营养液配方,供选择使用。

1. 园艺均衡营养液配方(日本)

营养素	浓度/(g·L^{-1})
硝酸钙	950
硝酸钾	810
硫酸镁	500
磷酸二氢铵	155
EDTA 铁钠盐	15~25
硼酸	3
硫酸锰	2
硫酸锌	0.22
硫酸铜	0.05
钼酸钠或钼酸铵	0.02

2. 番茄营养液配方

	营养素	浓度/(g·L^{-1})
荷兰温室园艺研究所,1989	硝酸钙	1216
	硝酸铵	42.1
	磷酸二氢钾	208
	硫酸钾	393
	硝酸钾	395
	硫酸镁	466
陈振德等,1994	尿素	427
	磷酸二铵	600
	磷酸二氢钾	437
	硫酸钾	670
	硫酸镁	500
	EDTA 铁钠盐	6.44
	硫酸锰	1.72
	硫酸锌	1.46
	硼酸	2.38
	硫酸铜	0.20
	钼酸钠	0.13

3. 其他蔬菜营养液配方（均为大量元素配方，微量元素按"4、微量元素通用配方"添加）

(1) 黄瓜营养液配方（山东农业大学）

营养素	浓度/(g·L^{-1})
硝酸钙	900
硝酸钾	810
硫酸镁	500
过磷酸钙	840

(2) 西瓜营养液配方（山东农业大学）

营养素	浓度/(g·L^{-1})
硝酸钙	1000
硝酸钾	300
硫酸镁	250
过磷酸钙	250
硫酸钾	120

(3) 甜瓜营养液配方（日本山崎）

营养素	浓度/(g·L^{-1})
硝酸钙	826
硝酸钾	607
硫酸镁	370
磷酸二氢铵	153

(4) 绿叶菜营养液配方

营养素	浓度/(g·L^{-1})
硝酸钙	1260
硫酸钾	250
磷酸二氢铵	350
硫酸镁	537
硫酸铵	237

(5) 莴苣营养液配方

营养素	浓度/(g·L^{-1})
硝酸钙	658
硝酸钾	550
硫酸钙	78
硫酸铵	237
硫酸镁	537
磷酸一钙	589

（6）芹菜（西芹）营养液配方

营养素	浓度/(g·L⁻¹)
硫酸镁	752
磷酸一钙	24
硫酸钾	500
硝酸钠	644
硫酸钙	337
磷酸二氢钾	172
氯化钠	156

（7）茄子营养液配方（日本山崎）

营养素	浓度/(g·L⁻¹)
硝酸钙	354
硫酸钾	708
磷酸二氢铵	115
硫酸镁	246

（8）甜椒营养液配方（日本山崎）

营养素	浓度/(g·L⁻¹)
硝酸钙	354
硫酸钾	607
磷酸二氢铵	96
硫酸镁	185

4. 微量元素通用配方

营养素	浓/(mg·L⁻¹)
EDTA 铁钠盐	20～40
硫酸亚铁	15
硼　酸	2.86
硼　砂	4.5
硫酸锰	2.13
硫酸铜	0.05
硫酸锌	0.22
钼酸铵	0.02

以上所列营养液配方是无土栽培成株用的配方，工厂化育苗用的营养液，从成分、配方以及配制技术等方面都与栽培成株的要求基本相同。使用时应注意，育苗使用的浓度应比栽培成株浓度低。研究资料显示，幼苗期的营养液浓度与成株栽培比较，应略稀一些。一般认为，果菜类蔬菜育苗的营养液浓度为成株标准浓度的 1/2 或 1/3，对植株的正常生长发育没有影响。

实验十六　氮磷钾对水稻产量的影响

水稻原产于中国,后逐渐传播到世界各地,是世界主要粮食作物之一。中国水稻播种面占全国粮食作物的 1/4,而产量则占一半以上。水稻所结子实即稻谷,去壳后称大米或米。世界上近一半人口,包括几乎整个东亚和东南亚的人口,都以稻米为食。水稻主要分布在亚洲和非洲的热带和亚热带地区。

民谚说:"秧好一半禾",这说明水稻秧苗健壮是增产的基础,另一半禾是指秧苗移栽后的管理。水稻秧苗在水田的生长期比秧苗长得多,早、中、晚稻都在 100 天以上。此期水稻要经过营养生长、生殖生长到成熟期几个时期,这段时间水稻生长所需营养的及时供应更为重要。

一般大田施肥按水稻的生育过程分为前、中、后三个时期,前期是指从移栽至分蘖终止,也就是水稻的营养生长阶段,此时以促进有效分蘖和争取多穗为目标;中期是指水稻生育已进入生殖生长阶段(花粉形成时期),此时以壮秆攻大穗为目标,但施肥不能过多;后期是指水稻进入抽穗到成熟的时期,此时以攻粒多、粒饱为主,既要保住不脱肥,又不能贪青晚熟。

水稻三个时期的施肥方法,实际上是指施肥的原则、理论和目标,真正实践起来还要根据具体情况确定,也就是要根据不同的土壤和不同的水稻品种来确定施肥量的多少,也就是要做到因地制宜,灵活掌握,就是要做到"看土施肥、看苗施肥"。水稻大田的肥料施用,第一是底肥,也叫基肥,包括有机肥和各种化肥。第二是追肥,追肥以氮素化肥为主。

合理施肥可有效提高水稻产量和品质。

一、实验内容和目标

采用土培试验,研究不同氮、磷、钾供应水平条件下水稻的产量,获得水稻最佳施肥量、施肥比例。通过整个实验阶段的不同培养目标及训练科目实施,初步具备一定的实验设计及论文写作能力。

二、实验操作

1. 采样
采集土壤样品,风干、磨碎、剔除草根等杂物,过 5mm 筛,备用。同时测定其基本理化性质。

2. 实验设计
在实验中设计 3 个水平的氮、磷、钾处理(表 3-9),4 个重复(可自行选择部分处理进行)。

表 3-9　N、P、K 三因子三水平完全设计实验方案

代号	处理	代号	处理
1	$N_0 P_0 K_0$	15	$N_2 P_2 K_2$
2	$N_0 P_0 K_1$	15	$N_1 P_1 K_2$
3	$N_0 P_1 K_0$	17	$N_1 P_2 K_1$
4	$N_1 P_0 K_0$	18	$N_2 P_1 K_1$
5	$N_0 P_0 K_2$	19	$N_1 P_2 K_2$
6	$N_0 P_2 K_0$	20	$N_2 P_1 K_2$
7	$N_2 P_0 K_0$	21	$N_2 P_2 K_1$
8	$N_0 P_1 K_1$	22	$N_0 P_1 K_2$
9	$N_1 P_1 K_0$	23	$N_0 P_2 K_1$
10	$N_1 P_0 K_1$	24	$N_1 P_0 K_2$
11	$N_0 P_2 K_2$	25	$N_2 P_0 K_1$
12	$N_2 P_2 K_0$	26	$N_1 P_2 K_0$
13	$N_2 P_0 K_2$	27	$N_2 P_1 K_0$
14	$N_1 P_1 K_1$		

注：N_0、P_0、K_0 分别表示不施 N、P、K 肥；N_1、P_1、K_1 分别表示施 N、P、K 肥(较低浓度)；N_2、P_2、K_2 分别表示施 N、P、K 肥(较高浓度)。

3. 施肥、装盆

采用 20cm×25cm 瓷质培养盆钵，每钵装土 6.25kg。用尿素、磷酸二氢钙、氯化钾肥料配制出相应的浓缩液。

首先将盆钵按要求编号。按照实验设计方案，称取一定量土壤于大盆内，施入一定体积的肥料液，充分拌匀，装入已编号的相应盆钵中。装土时应注意分层压实，下紧上松。

将已装上土的盆钵按排列顺序整齐置于玻璃房内，然后灌水。

3. 插植

装盆前 3 周育秧。装盆后灌水 3 天，选取生长一致、清秀健壮的秧苗，尽量避免损伤，移植于盆钵内，入土 2cm，每钵插植 3 株。

4. 管理

(1)管水：寸水返青，薄水分蘖，湿润拔节，每两天灌水一次。

(2)防治病虫：主要防治钻心螟、纵卷叶螟、叶蝉、飞虱、矮缩病等。返青后和分蘖盛期各打药一次。

(3)中耕除草：中耕两次，分蘖前期和末期各一次，除草于分蘖末期结合中耕进行。

5. 观察记录

在实验过程中，定时观察，并对水稻的株高、分蘖(即每钵株数)等生长发育情况以及植株缺素症状等进行记录。

到孕穗末期，将各处理齐泥收割，洗净泥土，连同枯叶一起轻捆挂上标签，于烘箱内烘干，称重，精确到 0.01g/盆。

三、结果与讨论

根据实验所得数据，比较氮磷钾浓度与水稻产量的关系；查阅相关文献，探讨合理施肥对植物生理和提高作物产量的作用。完成研究论文。

实验十七 氮肥与蔬菜硝酸盐含量的相关性

蔬菜中硝酸盐的含量,一方面与人体健康息息相关,已成为蔬菜生产及其加工产品的重要品质指标。另一方面,蔬菜中的硝酸盐含量可以反映土壤的氮素供应状况,可以为正确、合理地施用氮肥提供一定的参考。

氮肥作为作物生长的必需营养元素,在蔬菜生产中必不可少,但大量氮肥的施用直接导致蔬菜中硝酸盐含量的增加,严重时还会造成叶片烧伤及氨中毒,降低蔬菜的产量和品质。科学研究表明,蔬菜中硝酸盐含量与施氮量呈正比,与施磷量、施钾量呈反比。在蔬菜生产上,由于缺乏科学的施肥指导,菜农一般只重视见效快的氮肥,导致偏施、滥施氮肥,钾肥严重不足,从而导致土壤养分失衡。在适宜施氮量的确定方面,有学者认为,根据前茬残留$NO_3^- - N$量来确定氮肥施用量,并提出氮素用量以$300kg \cdot hm^{-2}$为临界值。另一方面,不同氮肥品种,其对蔬菜硝酸盐的积累作用不同,氮肥品种的选用对降低硝酸盐含量也有显著效果。

作为作物三大营养元素之一的磷,和氮素代谢密切相关。磷是参与含氮化合物代谢的酶的组成元素;叶片中硝酸还原酶的电子供体FADH(烟酰胺腺嘌呤二核苷酸)由磷酸甘油醛产生,因此,磷对硝态氮在植物体内的还原具有重要作用。增加磷肥用量,提高植株体内磷含量水平,有利于提高植物对硝态氮的还原转化能力。针对不同的蔬菜种类确定合理的氮磷用量及比例,对维持蔬菜高产,降低硝态氮含量,改善品质具有重要意义。有试验表明,以磷石膏为添加剂的氮肥表现了较好的降低叶菜类蔬菜硝酸盐含量的效果,尤其在缺磷的轻度盐渍化土壤上,可达到降低硝酸盐$30\% \sim 50\%$的效果,并能比单施氮肥的蔬菜有较明显的增产效果。

增施钾肥,氮钾平衡有利于控制蔬菜中的硝酸盐含量。进入植株体内的钾,在促进一系列的生理活动的同时也促进了无机态氮合成蛋白质,相对减少硝酸盐的含量。试验表明,芹菜施硝酸铵配施氯化钾,植株中的硝酸盐含量大幅降低,同时能大大提高产量。说明氮钾配合既能提高蔬菜产量,同时又能降低蔬菜中的硝酸盐累积量。试验证明,芹菜、萝卜根中硝酸盐和钾含量呈极显著的负相关,萝卜中硝酸盐含量能够受含钾量的制约,施用钾肥是减少蔬菜硝酸盐含量的有效措施之一。在钾肥的选用上,又以氯化钾效果优于硫酸钾。

过量施用氮肥是影响蔬菜硝酸盐积累的主要因素。如何正确施用化肥,特别是氮素化肥,对于降低蔬菜硝酸盐含量、保护人体健康具有十分重要的意义。

一、实验内容和目标

采用水培试验,研究氮素不同供应水平条件下蔬菜中硝酸盐的含量,获得蔬菜硝酸盐积累状况与氮素供应水平的响应关系。通过整个实验阶段的不同培养目标及训练科目实施,初步具备一定的实验设计及论文写作能力。

二、实验操作

1. 营养储备液和蔬菜样品

根据选用的蔬菜供试品种,选择并配制与之相适应的氮素、其他大量元素、微量元素储备液。同时,配制 $1mol \cdot L^{-1}$ 氢氧化钠溶液、$4mol \cdot L^{-1}$ 盐酸溶液,调节营养液的 pH 值备用。

2. 实验设计

在实验中,设计 n 个水平的氮素处理,4 个重复。

根据实验设计,将各种营养储备液按照一定的比例进行稀释(确保除氮素外其他营养元素供应水平相当),配制出不同氮素供应水平的营养使用液,调节 pH=5.0。

根据实验设计,准备好相应的盆钵,并将盆钵按要求编号。

3. 育苗、定植

根据选用的蔬菜品种,按照相应的方法育苗。选择生长均匀、健壮的菜苗,洗净备用。

清水洗净实验器材,将不同的营养使用液装入相应的盆钵中。

在固定植株用的网兜底部钻四个对称小孔,将菜苗根系从孔中穿入,每孔一株。可用海绵或石英砂固定植株上部。将网兜置于盛有营养液的盆钵上,随机排列。

4. 日常管理

(1)每周调节 pH 两次,使 pH 保持在 5.0。

(2)每周更换一次营养使用液,同时适当调整盆钵的排列顺序。

(3)发现有藻类生长时,应及时更换营养使用液,并清洗盆钵。

(4)注意补充水分,补偿蒸发损失。

(5)及时防治虫害。

5. 观察记录

在实验过程中,定时观察和记录蔬菜的生长发育情况,并对植株缺素症状进行记录。培养 45~60 天后,收集蔬菜,洗净,晾干,称重。及时对硝酸盐含量进行测定。

三、结果与讨论

根据实验所得数据,比较氮素供应浓度与蔬菜中硝酸盐含量的关系;查阅相关文献,探讨合理施用氮肥对提高蔬菜品质的作用。完成研究论文。

参考文献

[1] 鲍士旦.农畜水产品品质化学分析.北京:中国农业出版社,1996.

[2] 鲍士旦.土壤农化分析(第3版).北京:中国农业出版社,2000.

[3] D.R.伊文思等.化肥手册.马国瑞,尹仙香,林荣新译.北京:农业出版社,1984.

[4] 段炳源,梁孝衍.实用化肥手册.广州:广东科技出版社,1991.

[5] 何念祖.肥料制造与加工.上海:上海科学技术出版社,1998.

[6] 胡景赓,储祥云,曹秀芳.土壤学实验指导书(讲义).2000.

[7] 胡慧蓉,田昆.土壤学实验指导教程.北京:中国林业出版社,2012.

[8] 黄昌勇.土壤学实验实习指导书.北京:农业出版社,1992.

[9] 姜佰文,戴建军.土壤肥料学实验.北京:北京大学出版社,2013.

[10] 李酉开.土壤农化常规分析方法.北京:科学出版社,1983.

[11] 李振高,骆永明,滕应.土壤与环境微生物研究法.北京:科学出版社,2008.

[12] 林大仪.土壤学实验指导.北京:中国林业出版社,2004.

[13] 刘凤枝,马锦秋.土壤监测分析实用手册.北京:化学工业出版社,2012.

[14] 楼书聪.化学试剂配制手册.南京:江苏科学技术出版社,1993.

[15] 陆欣,谢英荷.土壤肥料学(第2版).北京:中国农业大学出版社,2011.

[16] 鲁如坤.土壤农业化学分析法.北京:中国农业科技出版社,1999.

[17] 鲁如坤,史陶钧.农业化学手册.北京:科学出版社,1982.

[18] 毛达如.近代施肥原理与技术.北京:科学出版社,1987.

[19] 农业部全国土壤肥料总站肥料处.肥料检测实用手册.北京:农业出版社,1990.

[20] 全国土壤普查土壤诊断研究协作组.土壤和作物营养诊断速测方法.北京:农业出版社,1977.

[21] 全国肥料和土壤调理剂标准化技术委员会.化学工业标准汇编(化肥)(第3版).北京:中国标准出版社,2000.

[22] 申建波,毛达如.植物营养研究法(第3版).北京:中国农业大学出版社,2011.

[23] 孙磊.植物营养学实验.北京:北京大学出版社,2012.

[24] 王涌清,刘秀奇.化肥应用手册.北京:中国农业科技出版社,1993.

[25] 解天民.环境分析化学实验室技术及运营管理.北京:中国环境科学出版社,2008.

[26] 浙江农业大学土化系农化组.农业化学实验(讲义).1989.

[27]中国土壤学会农业化学专业委员会.土壤农业化学常规分析方法.北京:科学出版社,1983.

[28]中国科学院土肥所.中国肥料.上海:上海科技出版社,1994.

[29]周凤山,符斌.分析化学简明手册.北京:化学工业出版社,2010.

[30]朱海舟,陈培森.土肥测试技术与施肥.北京:北京科学技术出版社,1993.